もしもハチがいなくなったら？

横井智之

ア新書 997

はじめに

「きれいな花が咲いているね」「花にハチが来ているよ」「せっせと花からみつをとっているよ」

子供のころに、こんな会話をしたことがないでしょうか。

野外で花を眺めていると、小さなハチが花の上でもぞもぞと動いていることがあります。そのハチは周りの花を行ったり来たりしながら飛び回っています。ハチが訪れた花を後日見に行くとしぼんでいますが、やがて種子や果実ができあがります。何が起こっていたのでしょう。

この小さなハチは、「ハナバチ」で、花粉を花から花へと運ぶ「送粉者《そうふんしゃ》」だったのです。道ばたや草地、森林などさまざまな場所で花を咲かせる野生植物にとって、ハナバチをはじめとする、花粉を運ぶ昆虫たちはなくてはならない存在です。

送粉者による「送粉《そうふん》」が作物で行われると、さまざまな果物や野菜ができあがります。リンゴやナシ、スイカ、イチゴ、トマトといったおなじみの作物はもちろんのこと、コーヒーやカカオといった意外なものまでも、昆虫たちのはたらきによってつくられているのです。そして私たちは、日本だけでなく海外で生産された果物や野菜を使って、さまざまな料理をつくることができます。食卓に並べられた料理は、匂い・彩《いろど》り・味で私たちの生活を豊かにしてくれています。

このように、私たち人間は、昆虫たちから「サービス」を受けることで、経済や生活を成り立たせています。彼らの仕事ぶりを金額に換算すると、じつに途方もない額となります。

いまや私たち人間は、世界で80億人を超えてまだ増え続けています。そして、これだけ多くの人間が生活していくためには、多くの農作物が必要になります。

けれども、食料の需要《じゅよう》は高まっているのに対して、作物の生産を支える昆虫たちの種数や個体数は減少しつつあります。この大きな要因《よういん》となっているのが、実は私たち人間による活動(乱獲《らんかく》や生息地の破壊、里山《さとやま》などの利用放棄《ほうき》、外来種や病原菌《びょうげんきん》の侵入、地球温暖化)なのです。

送粉者の減少に歯止めをかけることは、地球上のさまざまな植物や他の昆虫たちの多様性を保全《ほぜん》する上で重要なだけでなく、私たち人間が今まで通りの生活をするためにも必要なのです。そのために、まず私たちは送粉者についてもっと詳しく知っておくことが大事です。

この本では、花と人間との関係を保ってくれている昆虫の代表として、ハナバチに注目します。そして送粉者としての重要性を、野生の開花植物だけでなく、農作物の生産と絡めながら説明し、送粉者の危機的な状況やその保全への取り組みまで紹介していきます。

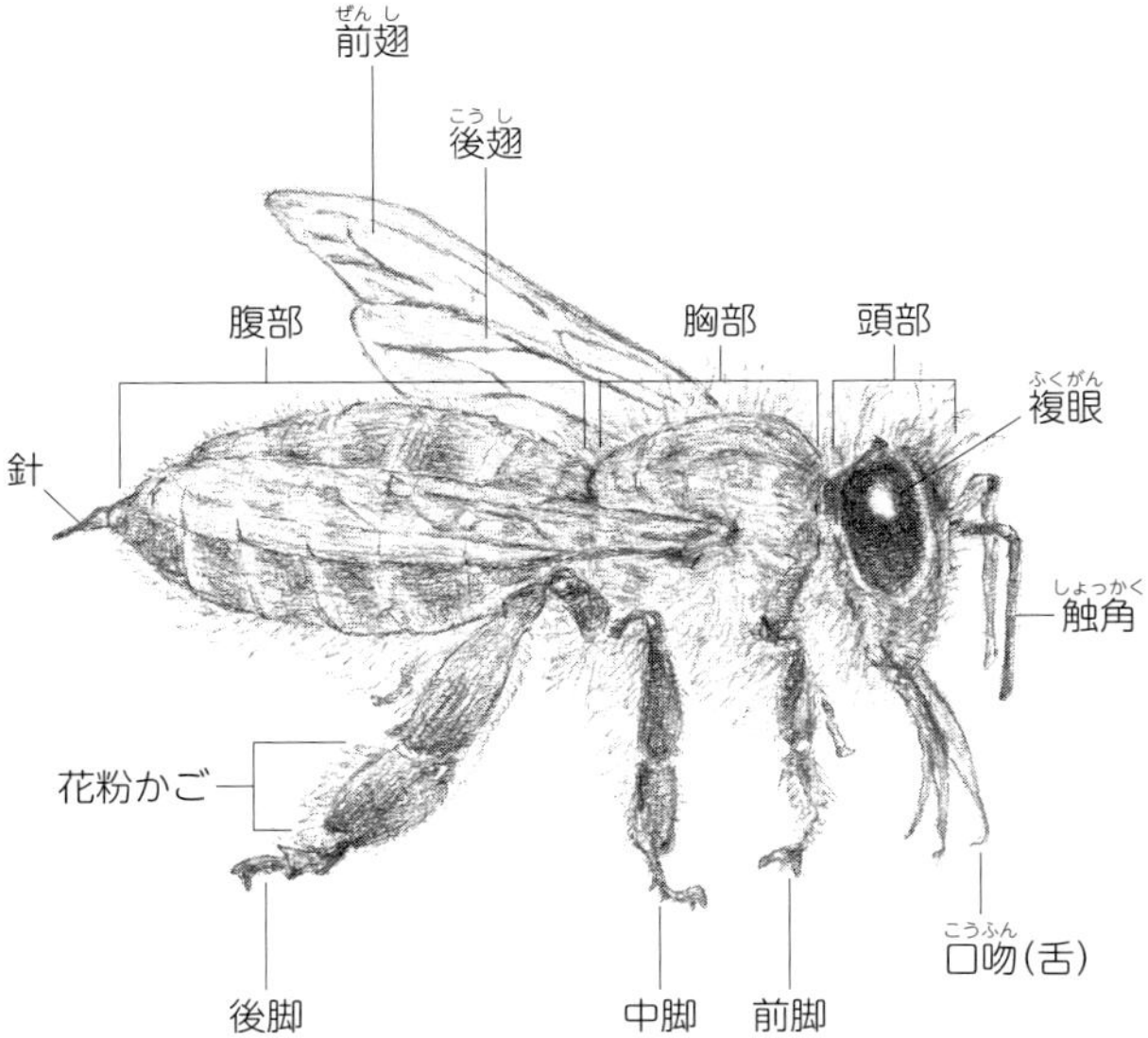

ハナバチ(ミツバチ)

目次

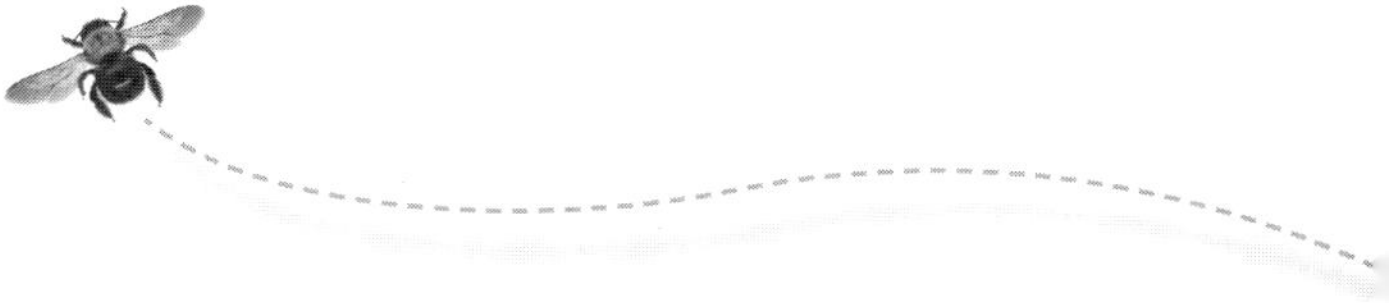

本文イラスト＝AYA

第1章

花は誰のために咲く？

タンポポの綿毛の上にいるニッポンヒゲナガハナバチのオス

◇花屋の花と畑の花――どちらが好き？

私たちの周りには花があふれています。一言で花といっても、形も色もそれぞれ違っています。その中には、私たちの想像を超えるぐらいに奇妙な形や色をした花もあります。そして、場所や時期によって、出会える花も違っています。皆さんの周りで花に出会える場所はどんなところでしょうか？　春は最もたくさんの花に出会える季節です。

私は大学近くにある花屋さんによく出かけては、店先に並べられた花を眺め、気に入った花を選んで購入します。この花屋さんでは、それぞれの季節に合わせて、さまざまな花を取り揃えています（**図1―1**）。一歩、店内に入ってみれば、そこで出会える花は、日本とは違う国から輸入されたものが多くあります。そればかりではなく、日本国内で栽培されたものや、品種改良されたものまで手に入れることができます。見た目にも鮮やかな色合いをしたこれらの花は、日本の自然

図1-1　花屋さんで出会う花々

環境にもともと生育していたわけではなく、研究者や園芸家によって幾多の手が加えられて、私たちが好む色や形になっているものがほとんどです。

公園や学校の校庭ではどんな花が見られるでしょうか。園芸種であるパンジーなどの草花本や、植えられたソメイヨシノといった樹木に交じって、自然に生育している小さな草本の花々も見ることができます。オオイヌノフグリやシロツメクサ、ハルジオン、セイヨウタンポポといった花々があちらこちらにみられます。

畑や田んぼのある場所へも行ってみましょう。先ほどの植物に加えて日本の在来種といわれる、スミレやレンゲ、ヘビイチゴ、ナズナ、ホトケノザ、カタバミがさらに彩《いろど》りを加えてくれます。

さらに野山へ行けば、カタクリやショウジョウバカマといった、春先に咲いて夏には姿を消してしまう、スプリング・エフェメラル（春の妖精）といわれる花々を見ることができます。

季節によって樹々がそれぞれ花を咲かせ、時には山全体を覆《おお》うほどに開花している景色を眺めることもできます。森林の中の林道を歩けば、道のわきには野草が咲かせる可憐な花々に出会うこともあります。

私たちの周りでみられる花はこれだけでしょうか。実は、肝心な場所を忘れています。それは、果菜や果樹といわれる作物が咲かせる花々です。これらは畑の中であったり、果樹園の中にあったりするために、一般的に眺めて楽しむ花として認識されることはあまりありません。けれども、ソバやアブラナといった植物が、一斉にあたりを淡色で埋め尽くす光景は、野山の花々が織りなす景色とも遜色《そんしょく》のない美しい光景だと思います。

また、果樹園の中でウメやナシ、リンゴの花が一面に咲いている光景は、公園でみられる満開の桜並木にも見劣りしません。作物がつける花は、のちに果実となって収穫され、出荷されます。そのため私たちは、作物では、花よりも実を楽しんでいるともいえます。

ここまで挙《あ》げてきた花々には共通する重要な点があります。それは、ミツバチをはじめとする昆虫が引き寄せられ、花粉のやりとりに関わっている、ということです。もちろん品種改良された花の中には、そのような過程が不要になっているもの、花蜜《かみつ》や花粉が極端に少ないものもあります。けれども、野山に咲く花々や作物が咲かせる花々にとっては、訪れる昆虫たちは重要な役割を果たしており、その関係は切っても切れないものです。

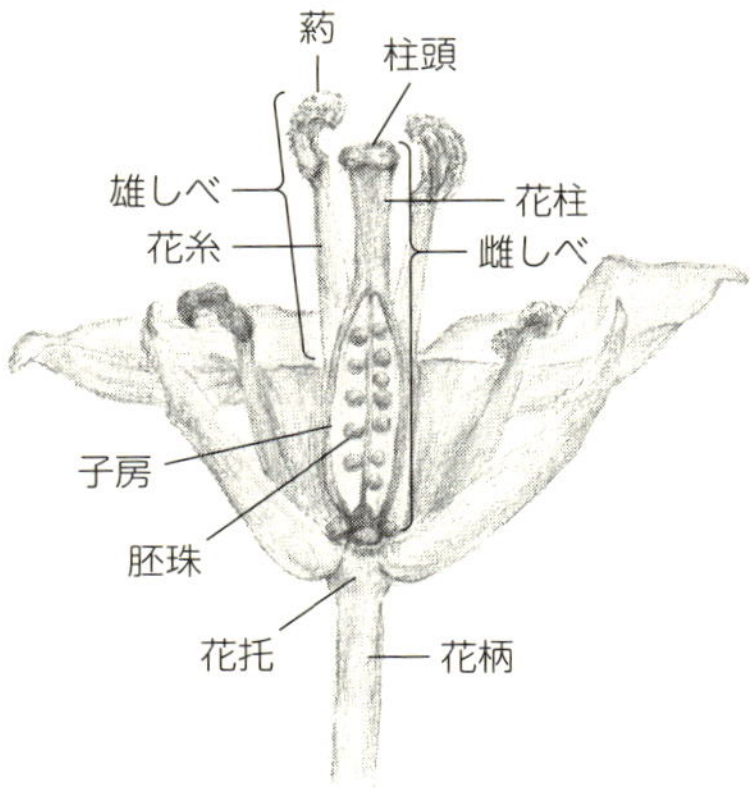

図 1-2　アブラナの花の断面図

◇植物が実をつくるためには――受粉と授粉

昆虫と植物の関係を理解するうえで、花とそこに訪れる昆虫の特徴をみていきましょう。

まずは花の構造を紹介しましょう。図はアブラナの花の断面図です（**図1―2**）。外側に花弁《かべん》があり、内側には雄しべと雌しべがあります。雄しべは、葯《やく》と花糸《かし》から構成されており、雌しべは子房《しぼう》と柱頭《ちゅうとう》、花柱《かちゅう》から成り立っています。柱頭の中に胚珠《はいしゅ》があり、これらの器官を支えるのが、底にある花托《かたく》と花柄《かへい》です。

雄しべの葯の中には花粉がつまっており、この花粉が他の株《かぶ》へと運ばれます。または他の株から花粉が運び込まれて、柱頭に付着します。付着した花粉は花粉管という管を伸ばして、胚珠に到達し、ここで受精《じゅせい》が成立します。受精後は、胚珠の部分が大きくなり、やがては種となり、周りが果肉として成長していきます。つまり、花粉が柱頭へと運ばれる過程がとても重要なのです。

雄しべにある花粉が、同じ花の雌しべにつくこともあります。植物によって、受粉する植物（自家和合性《じかわごうせい》）と受粉しない植物（自家不和合性《ふわごうせい》）に分かれます。自家不和合性の植物では、花粉管が伸びることがなく、受精まで至りません。ハナバチなどに花粉を運んでもらう植物では、この自家不和合性のものが多く、別の株の花粉が雌しべにつかないと結実することができません。

それでは、昆虫が花を訪れたときに、どのように花粉が運ばれるかを詳しくみてみましょう。花に訪れる昆虫の代表格というと、ミツバチを含《ふく》むハナバチの仲間です。後でも詳しく述べますが、ハナバチは「花蜂」と書きます。つまり、花を訪れて、花粉や花蜜を利用するハチのことです。

ハナバチは花弁に着地すると、雄しべの先端にある葯から花粉を取り出します。前脚や口《こう》吻《ふん》を使って器用に集めていきます。集めた花粉や体についた花粉は、ハナバチごとに後ろ脚にある花粉かごや腹部の内側などに密集している毛を使って運びます。

ハナバチの脚や腹についている花粉の塊《かたまり》は、花蜜や唾液《だえき》で固められたりしているので、植物の花粉媒介《ばいかい》にはあまり役立ちません。むしろ、体の表面に残っている花粉の一粒一粒が大事になります。これらが別の花の柱頭に付着することで、花粉の受け渡しが完了するのです。花粉の受け渡しは、「じゅふん」といいますが、一般的には自然環境の中でハナバチが花粉を運ぶ場合は自然受粉といいます。農業生産現場で、人の手などを使って花粉をつけることは人工授粉とよびます。花粉を運ぶ側からみると「授粉(花粉をさずける)」となり、花粉を受け取る植物側からみると「受粉(花粉をうけとる)」となります。

◇訪問しただけか、配達するのか——訪花者《ほうかしゃ》と送粉者《そうふんしゃ》の違い

花粉を運搬《うんぱん》する担い手となるのが、「送粉者」とよばれる昆虫たちです。ポリネーターともよびます。植物の花粉が、送粉者の体にくっつきます。そして送粉者が花から花へと訪れていくことで、花粉は株から株へと移動することができます。

花の上でよく見かけるのは、ミツバチやマルハナバチといったハナバチの仲間だけではありません。チョウやコガネムシ、ハエ、カメムシ、ハサミムシ、スズメバチなどもやってきます。

チョウやスズメバチは花蜜を吸いますし、コガネムシやハサミムシは花粉を食べます。ハナバチは花蜜を吸い、花粉を集めて巣に持ち帰ります。ハエの仲間もハナバチと同じように、花粉を食べたり花蜜を吸ったりします。カメムシはというと、こちらは花の上でオスとメスが交尾《こうび》していたりしますが、花粉や花蜜を利用することはあっても、持ち帰ることはありません。

花は多くの昆虫にとっての餌資源《えさしげん》の場所であるだけでなく、越夜《えつや》する場所、交尾する場所といったように、さまざまな利用がなされている場所なのです。このように、いろんな理由があって花を訪れている昆虫をまとめて、「訪花者《ほうかしゃ》」といいます。

それでは、訪花者となる昆虫は、どれも花粉を運ぶ送粉者となっているのでしょうか。実は、そうではないのです。花粉や花蜜を利用している訪花者の中には、体に花粉がつきにくかったり、１つの花を訪れたら、すぐに違う種類の花や別の場所へ行ってしまったりするものも多くいます。こういった昆虫は、送粉者にはならないのです。

送粉者とよばれる昆虫にも多種多様な分類群が含まれており、また植物や作物ごとに花粉の運搬に貢献《こうけん》してくれる昆虫の種類は違ってきます。

◇さかのぼると、昆虫と花はいつ出会ったの？

それでは、昆虫が花を訪れるようになったのは、いつごろからでしょうか。地球が誕生してから現在までに46億年を経ています。植物と昆虫のそれぞれが地球上に出現した時期をみていきましょう。

陸上植物が地球上に出現したのは約4億5000万年前（オルドビス紀）と考えられています。ここでは陸上植物の特徴をもつ化石が発見されており、約4億4000万年から4億1000万年前（シルル紀）には、動物・植物とも本格的に陸上に進出しました。そして約3億6000万年前（石炭紀）に裸《ら》子《し》植物《しょくぶつ》が出現します。裸子植物はマツやスギのように、種子となる部分（胚珠）がむき出しになっているのが特徴です。一方で、胚珠が子房におおわれているのが被《ひ》子《し》植物《しょくぶつ》です。子房がふくらんで大きくなると果実になります。

被子植物の起源はよくわかっていませんが、石炭紀に裸子植物と同じ祖先から分かれて、約2億5000万年から2億年前（三畳紀）に出現したとされています。それよりも新しい、約1億6400万年前（ジュラ紀）の地層から花の化石が発見されています。そして、約1億

4500万年から6600万年前(白亜紀)には、さらに多くの分類群が地球上に出現し、花の多様性が高まりました。花粉だけでなく花蜜を多く生産し、花の形状や色彩が多様な植物《しょくぶつ》種《しゅ》が出現していったのです。

一方の昆虫ですが、昆虫の祖先が地球上に出現したのは、約4億8000万年前だとされています。最も早く出現したのは、シミやイシノミといった、現在も生息する、原始的な昆虫の仲間です。その後約3億5000万年前には翅《はね》をもった昆虫が出現しています。さらに時代を経るにつれて、さまざまな昆虫が出現し、現在は約30の分類群が知られています。

昆虫類の中で最も種類が多いのは、カブトムシやコガネムシを含む甲虫の仲間です。次いでチョウ、ハエの仲間で種数が多くなっています。ハチの仲間はどうでしょう。現在、種名がつけられているものとしては、約11万種が知られていて、昆虫類の中では4番目に多い種数となっています。

ハナバチの祖先は約1億年前(白亜紀)には地球上に出現したと考えられています。先ほどの、多くの被子植物が出現した時期とあわせてみると、ハナバチの出現した時期はちょうど重なっていることがわかります。恐竜が繁栄《はんえい》して、地球を歩き回っていた白亜紀の時代に、花とハナバチはお互いに多様な姿や形をもつようになったと考えられます。

◇一度にたくさん持ち帰るために

ハナバチは、効率よく花粉や花蜜を持ち帰るための形質《けいしつ》を進化させています。例えば、花粉を多く集められるように、体中にふさふさとした長い毛があります。スズメバチなど肉食のハチはそんなには毛におおわれていません。ハナバチが花に降り立って、葯や蜜腺《みっせん》（花蜜の出る場所）を探していると、体中の毛に花粉がついていきます。この花粉を脚で上手にかき集めていきます。また特定の部位には、集めた花粉が落ちないように細かな枝毛になった特殊な毛（運搬毛）が、びっしりと生えています。この運搬毛が密集している部分を、スコーパとよびます。

多くのハナバチでは、後ろ脚にスコーパがみられ、そこに花粉を集めていきます。ミツバチやマルハナバチでは、さらに特別な形状になっていて、花粉かごとよばれています。このようなハナバチの仲間では、飛んでいる時には、後ろ脚に目立つ黄色い塊がついていきます（図1—3）。

一方、腹部に毛が密集しているのはハキリバチの仲間で、そこに花粉をためていきます。そのためハキリバチの仲間が花粉を集めて飛んでいると、おなかの内側が黄色くなっているのがわかります。

ムカシハナバチの仲間では、花粉を持ち帰るための形質を備えていないために、飲み込んで巣へと持ち帰ったりするものもいます。またヒメハナバチの仲間のように、腹と胸の間に毛が密集していて、そこに花粉をためて運んでいくハナバチもいます。

図 1-3　後ろ脚に花粉を集める

花蜜は、どうしているのでしょう。ハナバチには、腹の中に蜜胃《みつい》という部分があります。訪れた花で吸った花蜜はここにため込んでいきます。ためた花蜜は、飛び回るときのエネルギー源にもなるので、巣の外で動き回っている間に消費もしますが、なるべく多くの量を巣に持ち帰ります。巣に持ち帰ったあと、ミツバチやマルハナバチは、巣の中に花蜜をためる場所を用意して、そこに追加していきます。多くのハナバチは、持ち帰った花粉と花蜜を混ぜて、団子にして仔《こ》の餌《えさ》として用意します。

◆相思相愛かと思いきや、互いに駆け引き——ゆずれない思い

ハナバチと植物の間で、長く続いてきた関係について、こんな表現を耳にすることがあります。

「ハチは花のために花粉を運んであげており、そのおかげで植物は種をつくることができている。だから植物は、ハチにごほうびとして花蜜をあげている」

これは一見すると、正しいようにみえます。確かに、ハナバチは花蜜と花粉を植物から持ち帰っていますし、植物は花粉を花から花へと運んでもらっています。でも実際には、ハナバチ自身は植物のためを思って、花粉をせっせと運んでいるわけではないのです。これは他の昆虫たちについても同じことがいえます。

昆虫たちが花を訪れている理由は、自分自身や巣の仲間、それに仔のために花粉や花蜜を採集することです。母親は、1個体でも多く自分の仔を残そうとしています。子供部屋（育房《いくぼう》）に必要な花粉を短時間でより多く集めようとして、せわしなく花から花へと飛び回って

いるのです。そのため、花粉や花蜜を手軽に得るためなら、花をぼろぼろにしてしまうこともあります。そして時には、花粉や花蜜だけをちゃっかりと持ち去ってしまい、送粉をしないこともあるのです。

花粉や花蜜を花の上で探しているときに、葯からこぼれた花粉の一部が体に付着します。ハナバチは自分の体についた花粉も持ち帰ろうと、脚を使ってぬぐい取りますが、一部は体についたままになります。この花粉が、次に訪れた花の柱頭に付着するのです。

花粉というのは、植物が花を訪れる昆虫のために用意しているものではなく、自分の子孫（種子）をつくるために必要な存在です。植物にとっては、花を訪れた昆虫に花粉を少しは持ち去られてもいいけれど、他の株へ運んでもらいたいわけです。

植物は花粉だけでなく花蜜も生産しています。花蜜は、スクロースなどの糖を含んだ甘い液体です。この花蜜は、訪れた昆虫にたくさんの花粉を運んでもらう報酬《ほうしゅう》として提供しています。けれども、生産するにはコストがかかるため、なるべくなら生産する量は少なくしておきたいのです。ですので、ブドウのように、花ではほとんど花蜜をつくっていない植物もあります。

このように、ハナバチも植物も、自分にかかる労力は小さくしつつ、相手を利用して最大限の利益を得ようとしていることがわかります。

◇だましだまされ、出し抜きあって

ハナバチと植物はお互いに必要としている面もありますが、時には相手をだまし、出し抜き、自分に得になるようにしていることもあります。

ハナバチの側からみてみましょう。花にやってくる目的は、仔のために花粉と花蜜を集めることです。ですので、柱頭に触ることなく、花蜜だけ、または花粉だけを持ち帰ってしまうことがあります。これは盗蜜《とうみつ》または盗花《とうか》粉行動《ふんこうどう》といいます。

クマバチやマルハナバチは大きい体をしていますが、時として自分の口吻よりも長い筒状の花を訪れることがあります。花蜜は筒の奥底にあるため、花の真正面から口吻を差し込んでも届きません。するとクマバチは、筒状になった部分に横から口吻をぶすりと差し込んで、花蜜を吸ってしまいます。これが盗蜜行動です。雄しべにも柱頭にも触らず、花をボロボロにしてしまうだけの行動なので、植物にとっては、咲いている花で次々とこんなことをされ

てしまうと、たまったものではありません。

クマバチだけではありません。さらに、ミツバチやコハナバチといった、体の小さなハナバチも盗蜜によってつくられた穴を利用して、花蜜だけを吸っていくことがあります。垣根によく使われるアベリアや、他の植物につるがからんでいくヘクソカズラなどは、ハナバチたちによく標的にされます。細長い筒の部分に縦にスリットが入っていれば、盗蜜されていると考えていいでしょう。

コハナバチなど体の小さなハナバチも、自分よりも大きなサイズの花を訪れることがあります。アカガネコハナバチは、春から夏ごろまで長い時期にわたっていろんな花を利用しています。このハナバチは体長が1センチメートルほどの大きさです。花弁に着地すると、そのまま歩いて雄しべにとりつき、葯からこぼれる花粉を集めます。この時、体が小さいために柱頭に触れることがありません。送粉をせずに花粉を持ち去ってしまうので、盗花粉行動とされています。

さらに、花粉を集め終わると、花の奥へと歩いていき、花蜜を吸うことがあります。やはり柱頭に触れることはないので、盗蜜と盗花粉を同時にしてしまうことになります。

こうなると、植物側としては踏んだり蹴ったりの状態になってしまいます。送粉もしてもらえないのに、花蜜を吸われるだけ吸われ、大事な花粉も好きなだけ持ち去られてしまうということになります。この場合にはハナバチ側が植物を出し抜いた状態になります。

次は植物の側です。自分の花が魅力的な餌場《えさば》だと思わせて、うまく花粉を持ち去らせつつ、他の株から花粉を運んでもらおうとしています。花の色や形、匂いは、植物ごとに特徴があります。

ハナバチに好まれるような匂いや色合いの花弁《かべん》であったり、花粉や花蜜だけを取られないように、複雑な構造になっていたりと、さまざまです。

クサイチゴやサクラのように花弁が大きく広がっているものや、キキョウやホタルブクロのように釣鐘形《つりがねがた》になっているものもあります。アベリアは漏斗状《ろうとじょう》になっており、タンポポやハルジオンは筒状になった小さな花が集合した花序《かじょ》をつくっています。花の向きも上向きだったり、下向きだったりします。こういった花では、ハナバチ以外にもハナアブやコアオハナムグリ、ガやチョウといった昆虫が訪れることができます。

ハナバチ以外の昆虫では花粉をとるのが難しい花もあります。ムラサキツメクサやハギ、

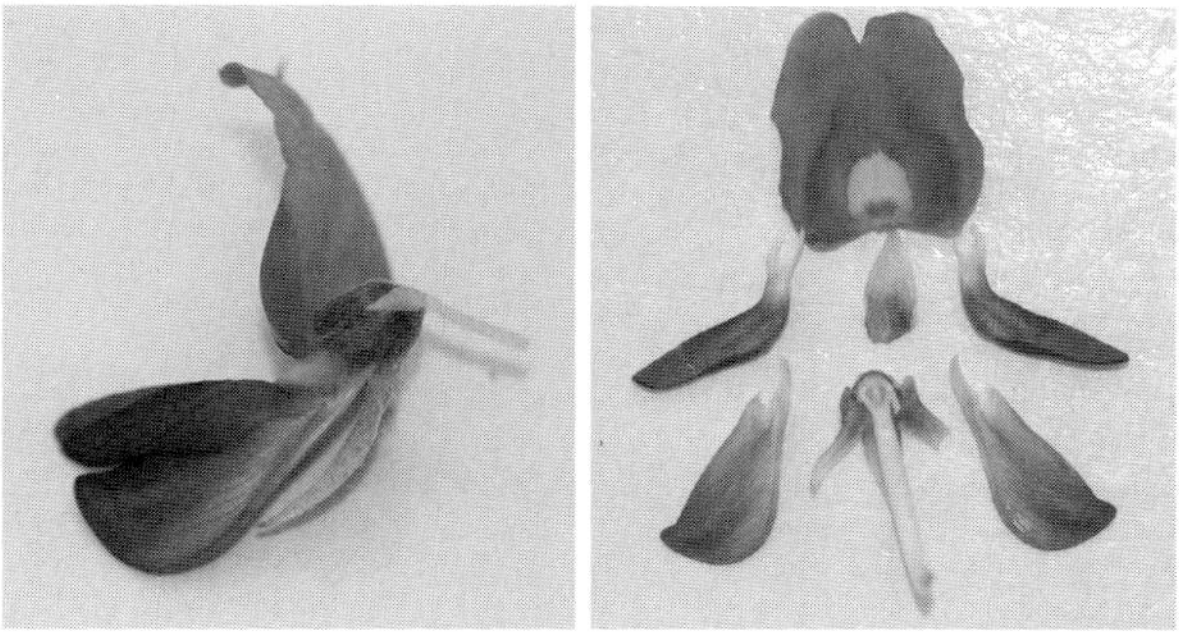

図 1-4 左：マメ科の花(蝶形花)を横から撮影．右：奥から旗弁，竜骨弁(2 枚)，翼弁(2 枚)，雄しべと雌しべ(手前中央)となる．

フジといったマメ科の花は、蝶形花《ちょうけいか》という変わった形をしています。真正面から花をみると、大きな花弁(旗弁《きべん》)が1枚あり、手前には2枚の花弁(竜骨弁《りゅうこつべん》)が合わさって、雌しべと雄しべを収納《しゅうのう》しています。その上から覆《おお》うように2枚の花弁(翼弁《よくべん》)があります(**図1—4**)。

竜骨弁の中に収納されている雄しべや、さらに奥にある花蜜を吸うためには、ハナバチのように脚を使って、うまく花弁を開かなければいけません。チョウは長い口吻を伸ばして、花の隙間から蜜を吸うことはできますが、花粉は体に付着しません。

植物の中には、もっと巧妙に、花にやってくる昆虫をだます種もあります。アフリカに生育するディサ属のランの中には、ワトソニア属のユリにとてもよく似

図 1-5 ハナバチにそっくりなビー・オーキッド（123RF）

た花をつくるものがいます。色や大きさ、花のつき方もほとんど同じに見えますので、すぐには見分けがつかないぐらいです。ただし、ディサ属のランは自分では蜜はつくりません。ワトソニア属のユリだと見間違えて訪れた昆虫に花粉をちゃっかりと運んでもらうのです。

さらに、ハナバチなど訪れる昆虫そっくりな花を用意して、相手をだます花もあります。地中海沿岸部に生息するオフリス属のランは、通称「ビー・オーキッド（ハナバチ・ラン）」とよばれています。花の形や色がハナバチのメスによく似ているのです（**図1—5**）。この花はハナバチに対して花蜜は用意していませんし、粒状になった花粉もありません。塊《かたまり》になった花粉がどんと用意してあるだけです。オフリス属のランは、訪れてほしいハナバチのメスによく似た匂いを放出しています。すると、メスと間違えたオスが訪れて、交尾しようと花にだきつくと、用意されていた花粉の塊がポンとオスの背中につけられます。そうとは知らないオスは花粉をつけたまま、また別の株へと飛んでいき、送粉することになります。

このように、ハナバチと花の関係は、相思相愛というよりもっと複雑といえるでしょう。むしろお互いに相手を利用しようとした結果として、ハナバチと植物は「共生」のパートナーとなっているのです。そしてそれがめぐりめぐって私たち人間が利用するものになっています。

コラム

自然界のさまざまな送粉者《そうふんしゃ》

◉活躍しているのはハチだけじゃない——コウモリやハチドリ、それにサルも？

日本の山野に生息している植物にとって、花粉を運んでくれる送粉者は、ハナバチだけではありません。昆虫ではハエやチョウ、甲虫の仲間も送粉者となることがあります。花の上でよく出会うハナムグリの仲間は、体中が花粉まみれになっていることがあります。ハエの仲間に、ハナアブというグループがいます。ハナアブは、ハナバチに間違われることがあるほどに、よく似た模様や体形をしています。彼らは花粉や花蜜《かみつ》を食べながら、体に花粉をつけて移動します。

空を飛べる昆虫だけではなく、アリのように地面を移動する生物も花粉を運ぶことがあります。1個体ずつはそんなに多くの花粉をつけませんが、たくさんの働きアリが花を訪れることで、花粉が花から花へと運ばれていきます。

海外に目を向けると、アザミウマやカメムシに加えて、フンコロガシやカマドウマ、ゴキブリといった意外な昆虫が花粉を運んでいたりします。これらの昆虫も、花のためを思って花粉を運んでいるというよりは、食べ物を求めてやってきた結果として、花粉を運び、送粉《そうふん》に貢献《こうけん》しているといえます。

植物の花粉を運ぶ役割は、なにも昆虫に限ったわけではありません。鳥たちも送粉をしています。日本では見られませんが、ミツスイやタイヨウチョウ、ハチドリといった幅広いグループが知られています。ハチドリはその名の通り、ハチと同様の羽音を立てながらせわしなく飛び回ります。とても小さな鳥の仲間で、最も小さな体のものだと体長は6センチメートルほどしかありません。彼らは高速で羽ばたきながら空中で静止して、花の中に嘴《くちばし》を突っ込んで器用に花蜜を吸っています。

それ以外にもいます。トカゲやヤモリ、コウモリも送粉者になっていることがあります。これらの動物は、夜間に活動しています。花へと近づいて、花蜜を吸い、その際に口の周りなどに花粉をつけて移動します。

哺乳動物《ほにゅうどうぶつ》でも花粉を運んでいるものがいます。オーストラリアに生息する有袋類《ゆうたいるい》のフクロミツスイは体長7センチメートルほどの小さな哺乳類です。フクロミツスイは体に似合わず巨大な精子と、それを収納《しゅうのう》する巨大な睾丸《こうがん》(体の3分の1ほど！)をもっていることでも有名ですが、体の3分の1ほどもある長い舌があり、それを使って花蜜や果実の汁を吸って生活しています。

このフクロミツスイは夜に活動し、バンクシアの花を訪れたときに花粉を媒介《ばいかい》しています。

またマダガスカル島にすむキツネザルは、マダガスカル島にしか生息していないサルの仲間です。その中で、エリマキキツネザルは、タビビトノキが実をつけるのに役立っています。タビビトノキはバナナに似た植物で、巨大な葉が扇状《おうぎじょう》に並んでいる、とても特徴的な外見をしています。エリマキキツネザルはこのタビビトノキの小さな花で蜜を吸うときに花粉を体につけて、別の株へと運んでいきます。タビビトノキは、青色の毛で覆われた、とても美しい種子をつくります。

第2章

ハナバチたちの暮らしぶり

ヤマハギの花を訪れるミヤママルハナバチ

◇よく見れば、いろいろなハチがいる——危険なハチはごくわずか

「ハチ」という言葉を聞いたときに、思い浮かぶ昆虫の姿はどんなものでしょうか。多くの人が思い浮かべるのは、黒色と黄色(もしくはオレンジ色)のストライプ柄《がら》の体をしていて、重低音を響かせる翅《はね》と強面《こわもて》の顔をした生き物かもしれません。このイメージをもたれているハチといえば、スズメバチかミツバチのどちらかでしょう。

図 2-1　歩道橋の手すりに集まるミツバチ＝2024年5月(提供　朝日新聞)

さらにハチの特徴を聞いてみると、「ハチミツをつくる」「花にやってくる」といった好意的なものもありますが、「刺される」「集団で襲《おそ》ってくる」などのあまり良くない印象も多くみられます。実際にハチに刺されたり、襲われたりした経験がある人であれば、良くないイメージをもってしまうかもしれません。また、春先にミツバチの分蜂《ぶんぽう》(分封ともいいます)集団が信号機などにいる様子(**図2—1**)や、夏ごろに人家に巣をつくったスズメバチの駆除《くじょ》の様子がテレビや新聞などで報道されることで、ハチはやっかいな存

在だと思っているかもしれません。

この本で紹介するのは、「ハナバチ」という仲間です。第1章でも少しふれましたが、ハナバチは、花を訪れて、花粉や花蜜を利用するハチのことです。そして、ハナバチは多くの方が思うほど危険ではありませんし、私たちの生活にも深く関係しているのです。

この章では、私たちの身の回りに、どのようなハナバチがいるのか、その特徴や暮らしぶりについてみていきます。ハナバチを含《ふく》めた「ハチ」は、実は昆虫のなかでも私たち人間にとって身近な生きものですが、よくわかっていないこともたくさんあります。ぜひ私たちのすぐ近くに、これだけさまざまなハナバチがいることを、知っていただけたらと思います。

それでは早速みていきましょう。

◇ハチの中のハナバチ――種類

ハナバチや他のハチを合わせて「ハチ目《もく》」といいます。まずは、体に注目してみましょう。昆虫の体は、頭・胸・腹の3つの部分から成り立っています。ハチの中には、腹部の一部が細くなって胸部にくっついているものがいます。まるで腰がくびれているようにみえます。

ハチ目の祖先は、ペルム紀にあたる、約3億年前に地球上に出現したといわれています。まずは、腰にくびれがない、広腰類《こうようるい》が出現しました。広腰類には、ハバチやキバチといったグループが含まれます。幼虫は花粉を餌《えさ》とせずに、自力で歩行して植物の葉などを食べます。そして次に、くびれがある細腰類《さいようるい》です。こちらには、ヤドリバチと有剣類《ゆうけんるい》の2つのグループが含まれています。この有剣類には、アリ、スズメバチやアナバチ、そしてハナバチが含まれています。ハナバチは、ハチの仲間としては、かなり後に出現してきたといえます。

ハチ目の中で、ハナバチはおおよそ2万2000種が記載されており、7つの科に分類されています（**表1**）。日本ではミツバチ科を含めた6つの科のハナバチと出会うことができます。ステノトリティダエ科のハナバチは、世界でもオーストラリアにしか生息していません。

ハナバチの中で、最も知名度が高いのは、セイヨウミツバチやニホンミツバチでしょうか。こちらはミツバチ科に属しています。このミツバチ科には、クマバチやマルハナバチといった大型のハナバチから、ヒゲナガハナバチなどの中型のもの、さらにはツヤハナバチのように1センチメートルほどの小さなハナバチもいます。

今挙《あ》げたハナバチだけでも、聞きなじみがないものばかりかもしれません。そう考えると、

表1　ハナバチ(Bee)の７つの科

科	真社会性の種を含む	日本で見られる，それぞれの科の代表的なハナバチ
ミツバチ科	○	ニホンミツバチ，クロマルハナバチ，キムネクマバチ
ハキリバチ科		オオハキリバチ，マメコバチ，バラハキリバチ
ケアシハナバチ科		シロスジフデアシハナバチ
コハナバチ科	○	アカガネコハナバチ，フタモンカタコハナバチ
ヒメハナバチ科		ウツギヒメハナバチ，アオスジハナバチ
ムカシハナバチ科		オオムカシハナバチ，スミスメンハナバチ
ステノトリティダエ科		(オーストラリアのみに生息)

他のハナバチがどんなハナバチなのか、想像がつかないかもしれません。実際にどんなハナバチなのか、日本で会えるハナバチの仲間を、それぞれ紹介しましょう。

◇ハナバチの仲間の紹介

ムカシハナバチ科(図2—2)

「ムカシ」という名がついていますが、原始的な分類群ということではありません。日本では約30種が知られています。この仲間の中には、姿かたちがミツバチに似た種がいることから、以前はミツバチモドキともよばれていました。

この分類群はムカシハナバチ属とメンハ

ナバチ属という仲間に大きく分かれます。ムカシハナバチの仲間は、ミツバチとよく似た体色をもつ種が多く、メンハナバチの仲間は、全身が黒色で、顔面に黄色の模様があるといった特徴をもちます。つくった育房《いくぼう》（子供部屋）の内側を、セロファン状の膜《まく》で薄く塗《ぬ》る習性が知られています。ムカシハナバチ属は地中に、メンハナバチ属は植物の芯《しん》の中に巣をつくります。メンハナバチ属は、花粉を飲み込んで運搬《うんぱん》するという、変わった方法をとります。

ヒメハナバチ科（図２―３）

日本に生息する種はどれも黒みがかった体色に、白や黄、または黒色の体毛をもつのが特徴で、約80種が知られています。巣は土の中につくります。地面に穴を掘り、細長い坑道《こうどう》をつくるので、英名では採掘《さいくつ》ハナバチ（Mining bee）とよばれています。掘り返した土を入り口付近に小山のように盛ります。このハナバチの巣は、畑のあぜや公園の砂地などで見かけることがあります。ひょっとするとアリの巣と見間違えているかもしれません。また、花粉を集めるための運搬毛（スコーパ）は胸部の後方と後脚に密集しています。

ヒメハナバチ科では「狭食性《きょうしょくせい》」や「狭訪花性《きょうほうかせい》」といわれるような、限られた植物の花粉

図 2-2　ムカシハナバチ科のハチ

図 2-3　ヒメハナバチ科のハチ

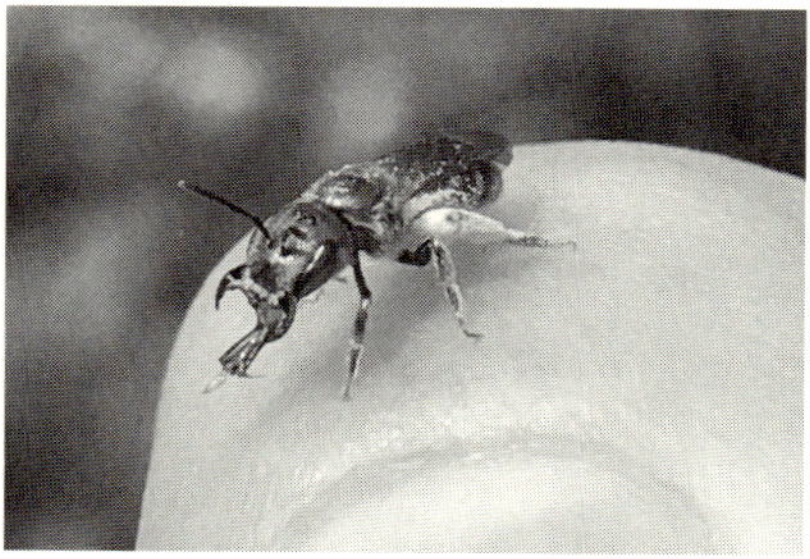

図 2-4　コハナバチ科のハチ

しか利用しないタイプの種が多くみられます。例えば5月下旬ごろに現れるウツギヒメハナバチは、ほぼウツギの花だけに訪れて、その花粉を仔《こ》のために持ち帰ります。

コハナバチ科（図2―4）

コハナバチの仲間では、体色が黒色だけではなく、赤色や金色など金属光沢に輝くものまでさまざまです。日本では約１００種が知られています。多くの種は、地中に巣をつくりますが、後述するように、塔のような構造物をつくりあげる種もいます。

日本では4月から10月まで長期間にわたって、さまざまな植物を訪花《ほうか》する種もおり、花の上でよく見かけます。人の腕に飛んできて汗をなめたりするので、英名では汗ハナバチ(Sweat bee)とよばれています。

コハナバチの仲間では、社会性の段階は多岐《たき》にわたっていて、メスが単独で活動する種から、ミツバチのように高度な社会性をみせる種まで含まれています。

ケアシハナバチ科（図2―5）

世界的にみても種数は少なく、日本では5種のみが知られています。ケアシハナバチは他のハナバチと違って、花油《かゆ》（油脂）とよばれるオイルを分泌《ぶんぴつ》する植物に訪れます。そして、花《か》蜜《みつ》ではなく花油を仔のために集めます。

日本に生息するケアシハナバチのメスには、前脚の先にふさふさした毛が密集している部分があります。この毛を刷毛《はけ》のようにして花油を吸い集め、後ろ脚に集めた花粉と混ぜ合わせて持ち帰ります。クサレダマバチ属が訪れる花は、クサレダマ（草連玉）という黄色い花を咲かせる植物です（図2―6）。この植物では花蜜はなく、花油を分泌しています。

ハキリバチ科（図2―7）

ハナバチの中では3番目に大きな分類群で、日本では約50種が知られています。生息環境は幅広く、市街地から森林地帯まで多くの場所で出会うことができます。内部が筒状になっている植物や、地面の中などに巣をつくります。

ハキリバチの仲間では、育房や巣の入り口をふさぐ材料として、葉や泥だけではなく、花《か》

図 2-5　ケアシハナバチ科のハチ

図 2-6　クサレダマ(草連玉)の花

図 2-7　ハキリバチ科のハチ

弁《べん》、松脂《まつやに》、土、小石など多岐にわたっています。そのため、英名では利用する巣の材料によってよび方が変わります。葉切りハナバチ(Leaf cutting bee)や石工《いしく》ハナバチ(Mason bee)、羊毛梳《ようもうす》きハナバチ(Wool carder bee)とよばれています。

また他のハナバチにはない特徴として、腹部の下面に長い毛が密集している点が挙《あ》げられます。ハキリバチの仲間は、この部分に花粉を集めて巣に持ち帰ります。ですので、腹部が黄色や橙色になっているハナバチがいたら、たいていはハキリバチの仲間だと思っていいでしょう。

図 2-8 ミツバチ科のハチ

ミツバチ科(図2—8)

ハナバチの代名詞ともいえるミツバチを筆頭に、日本では約100種が知られています。

この仲間では、社会性の段階や生活史に限らず、行動や体の大きさも違っている種が多く含まれています。一番の特徴は、高度な社会性をもつミツバチ・マルハナバチ・ハリナシバチといった種が含まれることです。また、春先に大きな羽音を出しながら飛び回るクマバチもこの仲間に入ります。

ミツバチ科のハナバチたちは、巣の材料や巣場所もそれぞれ違います。ミツバチは木のうろや狭い空間の中に、働きバチ（ワーカー）の腹部にある分泌腺《ぶんぴつせん》から出る蜜《みつ》ろうを使って巨大な巣をつくります。その一方で、クマバチは固い木材や太い枝などに、大あごを使ってくりぬいて細長い通路のある巣をつくりますし、マルハナバチはネズミの古い巣や枯れ草の積もった場所、鳥の巣箱などの中に、蜜ろうと花粉を混ぜて巣をつくります。

◇ハナバチの特徴――毒針

ハナバチの特徴を少し挙げてみましょう。一つに、「針」があります。ハチの中でも、キバチやヤドリバチといった仲間では、腹部に長い針のようなものが見えていることがあります。でも、これは毒針ではなく産卵管《さんらんかん》なのです。

実は有剣類のハチでは産卵管が針へと変化しているのです。そう書くと産卵ができないのでは、と思われるかもしれませんが、卵は腹部にある産卵器官を通って、腹部末端から産み落とされるようになっています。スズメバチやミツバチでは、この針をもっぱら自分自身や巣仲間の防衛《ぼうえい》に用いるようになっています。特にスズメバチの仲間は、ミツバチよりも体のサイズが大きいために、針も大きくて、刺されるとかなりの痛さを感じます。

アリにも、ハチと同じように腹部に針をもっている仲間がいます。日本に生息するオオハリアリは、とても小さいアリですが、うっかりつかむと刺されてしまい、ちくっとした痛みを感じることがあります。

ハナバチの多くの種は針をもっています。でも例外もあります。ハリナシバチは熱帯や亜熱帯地域に生息しているハナバチで、針が退化していて大あごを武器としています。このあごに挟まれると、毒針で刺されたのと同じくらいに痛いといわれています。また、ハキリバチやヒメハナバチは針をもっていますが、弱々しくて人を刺すことができないものもいます。あとで紹介しますが、リンゴの送粉《そうふん》に利用されているマメコバチやツツハナバチは、針をもっていますが、人の皮膚《ひふ》に刺さるほどの硬《かた》さをもっていません。

ですので、皆さんの中でハナバチに刺された！ という経験がある方でも、刺したのはミツバチのメスぐらいかもしれません。意外かもしれませんが、ハナバチの仲間に刺されることはあまりないのです。

それから大事なことですが、どのハチの仲間でも、オスは針をもっていません。これは、スズメバチでもミツバチでも共通しています。

◇ハナバチの特徴——毛

針以外にもハナバチらしい特徴があります。それが、体全体に生えている「毛」です。花に留まっているときにじっくり見てもらうとわかるのですが、ハナバチのメスは、胸部や腹部に毛がふさふさしています。花粉を多く採集したり、持ち運んだりするのに役立っています。そしてハナバチには運搬毛という特殊な毛があります。この毛は、単に細長いだけではなく、時に枝分かれしていて、顕微鏡《けんびきょう》で見ると、羽毛のようにみえます。ハナバチのメスは花粉をこの毛に絡《から》ませるように集めて持ち帰ります。

この毛がびっしり生えている部位は、ハナバチの種によっても違っています。ミツバチやマルハナバチでは、後ろ脚に運搬毛がびっしりと生えていて、さらに脚の一部が特殊な形状をしています。これは花粉かごとよばれています。ヒメハナバチでは腹部の後方と後ろ脚に、ハキリバチでは、腹部の下側にびっしりと生えています。

オスは花粉を持ち運ぶことがないので、どのハナバチでも脚はあまり毛深くありません。そのかわり、顔面に毛がふさふさと生えていたりします。

◇ハナバチの特徴――口吻《こうふん》

ハチの仲間の顔を真正面から見ると、顔の下半分に大きなアゴがあるのがわかります。その奥に、口吻(舌)が隠されています。この口吻の長さもハナバチによって異なります。

ハナバチは花粉だけでなく、花蜜も餌として利用します。花蜜が出てくる蜜腺《みっせん》は、花の奥底にあることが多いので、顔を突っ込んで、さらに口吻を伸ばしてなめとります。第1章でもお話ししたように、植物にとっては、花蜜はハナバチなどをおびき寄せるための「報酬《ほうしゅう》」です。蜜腺が花の奥にあるような植物に訪れる場合には、短い口吻では届きません。そのため、うまく適応した長い口吻をもつハナバチもいます。コハナバチやマルハナバチでは、口吻は折《お》りたたみ式になっていて、大あごの下にうまく収納《しゅうのう》されています。

さらに、熱帯雨林に生息するシタバチは、自分の体と同じくらいの長さの口吻をもっています。さすがに長すぎるためか、折りたたまずに体の下側に収納しているので、横から眺めてみると腹部の先から口吻の先が見えています。

◇ハナバチの特徴――体の大きさ

ハナバチの仲間では、体の大きさもそれぞれ違っています。まず、よく知られているミツバチの仲間から紹介しましょう。働きバチ（ワーカー）の体のサイズは、頭の先から腹部の先までで、ニホンミツバチで約10～13ミリメートル、セイヨウミツバチで約12～14ミリメートルです。大人の手の上に載せたとすると、親指の爪の長さほどです。

春先にぶんぶんと羽音をたてて紫色のフジの花を訪れているキムネクマバチはどうでしょうか。こちらはとても体が大きく感じられますが、14ミリメートル程度なので、大きさとしてはミツバチとあまり変わりません。ただし胸の幅はミツバチの1・5倍ほどもあるので、その分迫力があります。

一方で、小さいものだと、クマバチに近縁《きんえん》なツヤハナバチは約4～10ミリメートル、コハナバチも小さいものだと、6～8ミリメートルとなります。セイヨウミツバチの半分くらいの大きさですので、花の上にのっていても、ハエや別の昆虫の仲間だと間違われてしまうこともあります。

同じ種の中でも、体の大きさに違いがあるハナバチもいます。マルハナバチの仲間は、平均すると約14ミリメートルほどですが、巣箱の中をのぞくと、体の大きさはばらばらです。外で出会うと、違うハナバチだと思ってしまうぐらいです。マルハナバチの場合は、仔を育てる育房には、同じ形状やサイズのものがありません。そのため、その中で育てられるワーカーの大きさが変わってしまうのです。ミツバチの場合は、どの巣でもワーカーの体の大きさはほぼ一緒です。これは、育房がすべて同じ大きさの正六角形でつくられているからなのです。

世界最大のハナバチはウォレス・ジャイアント・ビーといいます。インドネシアに生息しているハキリバチの一種で、体長はメスで39ミリメートルになります。一方の世界最小のハナバチは、北アメリカに生息しているヒメハナバチの一種で、ペルディタ・ミニマといいます。こちらは2ミリメートルほどになります。

◇ハナバチの特徴――社会

ハナバチの仲間でみられる大きな特徴の一つに、「社会性」があります。ミツバチは社会をもっている、ということは、多くの皆さんが知っていることだと思います。学校の教科書でも、紹介されていたりします。実は、ハナバチの仲間で社会をもっているのは、ミツバチだけではありません。マルハナバチやハリナシバチ、コハナバチといった多くの仲間でみられます。さらに、ハナバチでの「社会性」には、いくつかの条件があります。それをいくつ満たしているかによって、社会の段階が違っています。

大きな条件としては、①仔を産む役割の個体（女王）と産まない個体（ワーカー）がいる、②母と娘のように違う世代が同じ集団にいる、③複数の個体がいっしょに仔育てをする、④女王とワーカーの間で体の形態が似ている、もしくは、女王はひとりでも生存できる、⑤仔には定期的に餌が与えられる。このうち、①〜③までの特徴をすべてもつハナバチは、「真社会性」といわれます。

ミツバチは真社会性になりますが、他のハナバチはどうなのでしょう。社会性の段階は一

メス同士は体の形態は同じ，またはメスは単独で生存できる	仔にそのつど餌を与える
−	±
+	±
+	±
+	±
+	−
+	+
+	−

Michener(1969)を改変

つだけありません。さきほどの条件をいくつ満たすかで、社会性の段階が異なり、単独性から真社会性まで、7つの段階があると考えられています(**表2**)。

ミツバチを代表とする社会性のハナバチは、自分たちの家ともいうべき、巣をつくっています。この巣の中で何十、何百個体も一緒に生活しています。最初は女王だけで巣をつくりますが、生まれた仔はワーカーとしてせっせと働き、巣を増改築《ぞうかいちく》していきます。女王はさらに卵を産み、ワーカーは生まれた仔を育て、ますます巣にいる仲間は増えていきます。この巣は、春先につくられ始めて、夏になるころには活動も盛んになります。そして基本的には秋ごろには誰もいなくなり、使われなくなってしまいます。

さて、他のハナバチたちにも目を向けてみましょう。どのハナバチもミツバチのような社会をつくっているのでしょうか。

実は、私たちの周りにいるハナバチの多

表2　ハナバチにみられる社会性とそれぞれの条件

社会性の段階	社会性の条件		
	仔を産むかどうかという分業がある	違う世代の成虫(たいていは母と娘)が共存	巣内で共同して仔を育てる
真社会性			
高次真社会性	＋	＋	＋
初期真社会性	＋	＋	＋
側社会性			
半社会性	＋	−	＋
準社会性	−	±	＋
共巣性	−	−	−
亜社会性	−	−	−
単独性	−	−	−

＋は条件に合う，－は条件に合わない，
±は，その社会性の段階では，条件に合う場合も合わない場合もある

くは、単独性であったり、複数の個体が一緒にいても複雑な社会をつくったりすることはありません。単独性とは、母親が単独で巣をつくり、仔のための餌を集めて用意し、産卵をするというタイプです。この時母親は、巣の中に育房(子供部屋)をつくり、花粉を入れたら、卵を産んで巣に蓋《ふた》をしてしまいます。そのため、生まれてくる仔は、母親の顔(もちろん父親も)を見ることなく、成長するのです。

「巣」というと、他の動物でもみられるように、何個体も一緒に暮らしている場所を想像することが多いと思います。ハナバチの中では、ミツバチなど社会性のハナバ

チは、それが当てはまりますが、大多数のハナバチはそうではありません。巣はどちらかといえば、卵を産み付け、仔が成長するまでの食事を用意しておくだけの部屋と、それらをつなぐ通路だけで構成されています。

◇ハナバチの社会——メスとオスの役割は？

ここまで書くと、女王や母親といった「メス」のもつ役割はわかります。でも、父親である「オス」はいったい何をしているのでしょうか。

ハナバチの仲間にも、他の昆虫と同じようにオスとメスが存在します。かつて、「父さんは働きバチみたいに会社で働いているんだよ」という表現もありましたが、ミツバチをはじめとするハチの仲間がつくる社会では、基本的な構成員は、すべてメスです。社会性ハナバチの巣の中で、忙しそうに動き回っているのはメスである女王やワーカーであり、オスは特定の時期だけにしかみられません。単独性ハナバチでは、オスはメスとほぼ同じタイミングで出現します。種によっては、メスよりも早めに出現するものもいます。

どのハナバチでもオスの役目は、メスとの交尾《こうび》です。巣の中でワーカーと一緒に巣をつくったりすることはありませんし、餌を探しに行ったり、持ち帰ってくることもありません。ミツバチでは、羽化《うか》したオスは、他の巣で新しく羽化した女王（新女王）と交尾するために飛び立っていきます。うまく交尾できなかった場合には、巣に戻ってきて次の交尾チャンスを待ちます。ただし、多くのハナバチでは、巣を出たオスは、戻ってくることはありません。夜は木の枝や葉の陰にとまって野宿することになります。

交尾だけのために生きているようなオスですが、彼らも必死です。なぜなら、多くのハナバチのメスは生涯《しょうがい》に一回しか交尾をしません。つまり、オスは自分の仔を残すためには、「誰とも交尾をしていないメス」を探さないといけないのです。そのため、いったん見つけたメスに対して、何個体ものオスがその背中に飛び乗っていたり、メスが羽化してきそうな巣穴の前に群がったりします。テリトリーをもつ場合には、そこに入ってくるメスを待ち続けます。

交尾できなければ、オスは生きている意味がないようにみえます。ミツバチの場合はさらにきびしい最期《さいご》がまっています。ミツバチの新女王は複数回交尾をすることができます。そのため、何個体ものオスが交尾しようと飛び立ちます。ミツバチでは、新女王とオスの交尾は、特定の場所で行われます。飛び回る新女王と交尾したオスは、体が硬直して動かなくなり、交尾器だけを新女王の体に残して、腹部が破れ、落下して死んでしまいます。

◇ハナバチの特徴——どれくらいの数の卵を産むの？

それぞれのメスは、交尾した後にはつくった巣の子供部屋にそれぞれ卵を産み付けていきます。どれだけの卵を残すことができるかは、巣をつくっている場所の環境条件が大きく関係してきます。

巣場所にできる場所や材料が豊富にあり、周りには多くの花が咲いている状況ですと、たくさんの仔を残すことができます。

女王が一日に何個も卵を産んでいる社会性ハナバチをみてみましょう。女王は、春から夏にかけてはほとんど毎日のように産卵しています。セイヨウミツバチの女王は一日に1000〜3000個も産んでいます。女王はワーカーよりも長生きですので、平均的な寿命を3年ほどと考えても、生涯に100万〜300万個の卵を産むことになります。マルハナバチの女王は、成虫として活動するのはほぼ1年ですので、生涯で産卵数は1000個程度となります。ミツバチに比べると、産む卵の数は少ないですが、これでも社会を維持《いじ》するのには十分なのです。

単独性ハナバチのメスではどうでしょうか。こちらは社会性ハナバチのように、一日に何十個も卵を産み落とすことはありません。母親1個体が生涯に産む卵の数は、種によってさまざまですが、おおよそ20〜40個といわれています。

同じハナバチの中でも、社会性をもつ種と単独性の種では、どうしてこれだけ違うのでしょうか。なぜなら、母親1個体だけで、巣をつくることや、仔のための餌を集めに行くことまでを、すべて行っているからです。ですので、育房を1つつくったら、花粉や花蜜を集めに飛び回り、十分な量が揃ったら、産卵をして育房を閉じます。こうして一つ一つ単独でこなさなければいけないので、時間がかかるのです。

◇ハナバチの特徴――オスとメスはどうやって見分けるの？

オスとメスで大きく違う点がいくつかあります。まず、オスは針をもっていません。前述したように、ハチのもつ毒針は、産卵管が変化したものですので、もともと産卵能力をもた

図 2-9　正面から見たクマバチのオス

ないオスは針をもつことはなかったのです。

次に触角《しょっかく》の長さです。メスに比べてオスは触角の節が一つ多いです。触角の長さの違いは一見してもわからないことが多いですが、ヒゲナガハナバチの仲間では、オスは体の長さと同じくらいに長い触角をもっているので、メスとすぐに見分けがつきます。

さらに、いくつかのハナバチではオスとメスで体の色が違っています。クマバチやマルハナバチの仲間では、オスのほうが体の毛がとても明るい色をしており、遠くからでも判別することができます。なぜオスの体色がそんなに明るいのかはよくわかっていません。

他には、オスの顔を真正面からみたときに、顔面の一部または半分以上が黄色くなっていることがあります。わかりやすいのはクマバチの仲間です。人の顔と同じ高さぐらいまで下りてきてはホバリングをすることもありますが、その時に顔を真正面から見て、黄色い部分があればオスと、すぐに見分けがつきます（図２―９）。また前述したように、顔面に毛が多くあったりします。

最後は、体の大きさです。一般的にハチの仲間ではメスのほうが大きな体をしています。対してオスはやや小柄、もしくはメスに比べるとほっそりした印象の体つきになっていたりします。もちろん、例外もありますが、なんだかほっそりしていて、か弱そうなスタイルのほうがオスです。

◇花から集めるのは花粉と花蜜、それだけ？

ハナバチにとって、花蜜は自分が活動するためのエネルギー源であると同時に、仔への餌としても使います。そのため、オスもメスも花蜜を利用します。一方で、花粉はちょっと違います。仔への餌であり、時には母親のおなかの中にある、卵をつくる場所（卵巣《らんそう》）を発達させるために使うこともあります。多くのハナバチでは、花から集めてきた花粉を自分の唾液《だえき》や花蜜を使って練り固めて、仔のための餌にします。

ちなみにミツバチも花粉を集めてきますが、そのまま花粉を幼虫にあげるわけではありません。巣の中に蓄《たくわ》えられた花粉は、ワーカーが自分の大顎腺《だいがくせん》や唾液腺《だえきせん》からの分泌物《ぶんぴつぶつ》と混ぜ合わせて、どろどろのゼリーにします。これがローヤルゼリーです。女王になる予定の幼虫には、たっぷりのローヤルゼリーを与えますが、ワーカーになる予定の幼虫は、少量のローヤルゼリーに花粉を混ぜて与えています。女王になるための幼虫には、王台《おうだい》という、ワーカーになる幼虫とは違う部屋が用意されています。次期女王は、この王台の中でたっぷりのローヤルゼリーを食べながら成長します。

花から持ち帰るものが花蜜ではないハナバチもいます。ハナバチの仲間で紹介したように、ケアシハナバチの仲間は、特別な植物の花から分泌されるオイル(花油)を集めています。面白いことに、アフリカにいるケアシハナバチには、花の筒の奥深くにあるオイルをとるために、自分の体長と同じぐらいに長い前脚をもつ種もいます。この長い前脚を使って、オイルを集めます。

◆ハナバチはどんな暮らしをしている?

私たちは春から秋、ひょっとすると寒くなる冬の手前まで、1年にわたって野外でハナバチたちを見かけることがあります。ハナバチたちはどんな暮らしぶりをしているのでしょうか？

まずは社会性ハナバチをみてみましょう。ミツバチの場合には、春先に多くの花が開花し始めると、巣からワーカーが飛び立ち、花粉や花蜜を集め始めます。女王も産卵をして、巣の中では、毎日のように新しいワーカーが生まれて、巣の増設が行われていきます。やがて、巣内で新女王が羽化すると、母親である女王バチは一定数のワーカーをひき連れて巣を出ていきます。これが分蜂(分封)です。出ていった女王も新しい巣場所を見つけると、そこで生活を始めます。ハリナシバチでは、面白いことに新女王がワーカーを連れて巣を出ていきます。

新女王は、同じ時期に羽化してきた他の巣のオスと交尾をして、産卵を始めます。冬が近づくと、産卵を控えて、冬越しの準備をします。寒い冬はほとんど何もせずにじっと季節が移り変わるのを待ちます。ミツバチやハリナシバチでは女王が数年間も生き続けるので、この暮らしが毎年繰り返されます。

マルハナバチでは、女王の寿命は１年ですので、暮らしぶりもちょっと違います。女王は単独で越冬して、春になると、活動を始めます。まずは巣場所の探索です。マルハナバチでは、地中の空洞やネズミの古巣などを見つけると、そこに巣をつくります。準備が整うと、次に野外に仔の餌を探しに出かけます。そして花蜜や花粉を餌として集め、産卵します。ミツバチと違うのは、ここまでの巣づくりや仔育てを女王が単独で行うことです。やがて最初のワーカーが羽化してくると、女王に代わって巣の増設をしたり、野外に餌を集めに行ったり、仔育てを引き受けたりします。巣の中では、次々にワーカーが羽化して、活動が盛んになっていきます。そして、ある時期になるとオスと新女王が羽化して、他の巣から出てきた個体と交尾をします。冬が近づく前に、新女王は巣を出て、土の中や朽ち木の中などに潜り込んで越冬し、春を待つのです。

次に、単独性のハナバチをみてみましょう。春先に出現するコハナバチやハキリバチ、ヒメハナバチの仲間だと、成虫での活動期間は数か月とそんなに長くはありません。まず、巣の中の育房でオス、メスそれぞれが羽化します。一般的には、オスが数日早く羽化し、続いて羽化してくるメスを待ち構えています。先ほども述べたように、多くのハナバチでは、メスは1回しか交尾しません。そのため他のオスよりも早くメスと交尾できるように、準備しています。

羽化したメスはオスと交尾をすると、次に巣場所を探し始めます。使いやすい巣場所（地面や筒状になった材料など）を見つけたら、穴を掘ったり、材料を加工したりして、育房をつくります。その後、育房にせっせと花粉を集め、花蜜を練り合わせた団子にします。準備が整ったら、花粉団子の上に産卵して、入り口をふさいでしまいます。

やがて、暗い育房の中で孵化した幼虫は、母親が与えてくれた花粉団子の餌を食べて、大きくなります。餌を食べ終わると蛹《さなぎ》になり、そのまま越冬して翌年に成虫となって現れます。ハナバチの種によっては、越冬前に繭《まゆ》の中で蛹から成虫の状態になっていることもあります。

◇ハナバチの巣ってどんなところにある？

「ハチの巣」と聞くと、木箱の中に入った、何枚もの板を思い浮かべた人もいるでしょうか。こちらは、養蜂家《ようほうか》の方がセイヨウミツバチのために用意した巣箱です。そのため、人間が管理したり移動したりしやすいように工夫されています。

一方で、木のうろなどにつくられていたりするものを思い浮かべるかもしれません。これ

表3　主なハナバチが巣をつくる場所と巣材

<table>
<tr><th>ハナバチの仲間</th><th>巣をつくる場所</th><th>巣の材料，つくりかた</th></tr>
<tr><td>ミツバチ</td><td>木のうろ・民家の屋根裏・墓地の内側など</td><td>体から分泌するろう物質，樹木の新芽</td></tr>
<tr><td>マルハナバチ</td><td>ネズミの古巣・地中の空洞など</td><td>体から分泌するろう物質</td></tr>
<tr><td>クマバチ</td><td>木材や木の幹，竹</td><td>材の内部に穴を掘る</td></tr>
<tr><td>フトハナバチ</td><td>地中(崖などの斜面)</td><td>穴を掘る・体からの分泌物</td></tr>
<tr><td colspan="3">ここまでは，ミツバチの仲間</td></tr>
<tr><td>ハキリバチ</td><td>地中・筒状の資材・植物の茎・カタツムリの殻・シロアリの巣など</td><td>穴を掘る，松脂や綿毛，葉，泥などを巣材に使う</td></tr>
<tr><td>ヒメハナバチ</td><td>地中(裸地や草地)</td><td rowspan="3">穴を掘って，土を押し固める・体からの分泌物も使う</td></tr>
<tr><td>コハナバチ</td><td rowspan="2">地中(裸地や草地，崖などの斜面)</td></tr>
<tr><td>ムカシハナバチ</td></tr>
</table>

は、ニホンミツバチのような社会性のハナバチがつくる巣です。ニホンミツバチは、それ以外にも民家の屋根裏や墓石の内側といった狭い場所を好んで巣をつくります。

でも自然環境の中でハナバチがつくる巣は、これだけではありません。種によって、巣をつくる場所も、巣の材料も全く違います（**表3**）。さらにミツバチのような社会性をもっているからといって、六角形の子供部屋をつくるわけではないですし、家の軒下《のきした》に垂《た》れ下《さ》がるような大きな巣をつくるわけでもありません。

ここでは、ハナバチたちが巣をつくる場所をいくつか紹介しましょう。

地面の中に営巣《えいそう》する

意外に思われるかもしれませんが、ハナバチの種の多くは地中に巣をつくります。たいていは、日当たりの良い裸地《らち》を好むことが多いです。でもあまりにもカラカラになっている場所には巣をつくりません。少し湿《しめ》り気《け》があって、周りに植物が少し生えているぐらいのほうが良いみたいです。

コハナバチやヒメハナバチでは、巣の入り口は、平坦《へいたん》な場所に小さな丸い穴が開いていたり、土が盛られて小山状になったりしています。時には小さな小山が裸地に数百もできていることもあります。一見するとアリの巣のようにも思えますが、それぞれの小山が一つの巣になっているのです。小山の真ん中にある小さな穴から、地面の中に細い通路がつくられていて、その突き当たりに育房があります。時には、途中に枝分かれした道がいくつもあって、さらにその奥にいくつも育房がつくられる場合もあります。

土の中に巣をつくるハナバチはまだいます。フトハナバチは崖崩れで地肌がみえるような斜面を利用しています。マルハナバチも、地面の下にあるネズミの古巣や地中にある空洞などを使っています。マルハナバチの巣の入り口は、草地の中に隠れていて、すぐにはわからないようになっています。

塔のような建造物を地面の上につくるものもいます。西表島に生息するアネッタイコハナバチは高度な社会性をもっています。このハナバチは、地面から長く伸びた筒状の塔をつくることがあります(図2―10)。この塔がずらっと並んでいる場所をみると、まるで小人が棲んでいるのではないかなと思ったりするほどです。

図 2-10　アネッタイコハナバチの筒状の巣

木の中に営巣する

春先に重低音を響かせながら飛んでいるクマバチは、木の幹を巣の材料としています。彼女らは、マツやスギ、ヒノキをはじめとする太い木材に大あごで穴をあけて巣をつくります。クマバチの大あごはかなり強力で、角材などの硬いものでもものともしません。1本の角材の中にシロアリのように、いくつものトンネルをつくってしまうことがあります。

キムネクマバチは、私たちの生活環境の近くで生息しているため、木材建築である神社仏《ぶっ》閣《かく》の柱や梁《はり》などに穴をあけてしまうこともあります。ボロボロになってしまった柱などは倒壊する危険も出てくるので、害虫扱いされてしまうこともあります。

外来種のタイワンタケクマバチは、木ではなく、枯れた竹の空洞を利用しています。最近になって分布域《ぶんぷいき》を拡大しており、民家にある竹製の支柱などにも営巣していることが知られています。

筒の中に営巣する

筒のようなかたちをした場所を利用するハナバチは、ハキリバチやツツハナバチ、ツヤハナバチの仲間です。植物の中には、茎《くき》の内部が空洞になっていたり、やわらかい髄《ずい》(ピス)が入っていたりするものもあります。クサイチゴやアジサイなどは枯れると、茎の中が空洞になっています。ススキのような植物は、人間が草刈りをすると、茎の中が見えるようになります。ツヤハナバチは、こういった茎の内部空間を巣として利用します。

また、ハキリバチやツツハナバチは、ヨシを切ったり竹を切ったりしたものや細長い筒の中に、巣をつくります。自分の体の大きさにみあった直径の筒を選んで、その中にせっせと花粉を運び、育房にためます。一つの筒に一つの子供部屋だけをつくるのではありません。間仕切りをつくって、また別の育房をつくっていきます。いくつもの育房をつくり終えると、最後に筒の入り口を泥などでしっかりと目張りします。

図 2-11　カタツムリの殻を巣にしようとするマイマイツツハナバチ

変わったところに営巣する

あまり見たことのないような場所に巣をつくるハナバチもいます。世界最大のハナバチといわれるウォレス・ジャイアント・ビーは、シロアリの巣の中に、自分の子供部屋をつくります。シロアリの仲間には、木を食い尽くしてその内部を巣にするものもいれば、木の外側にハチの巣のような大きな塊《かたまり》をつくるものもいます。ウォレス・ジャイアント・ビーは、この大きな巣の一部を壊して、その中にいくつも子供部屋をつくります。シロアリにも兵隊アリがいますから、幼虫が攻撃されてしまうのではないかと心配してしまいますが、そんなことはなく、大丈夫なようです。

ハキリバチの仲間には、変わった材料を使う種もいます。日本に生息しているマイマイツツハナバチは、カタツムリの空《あ》き殻《がら》を巣の材料にします（図２―11）。ぐるぐるとらせん状になっている殻の中に間仕切りをつくって、いくつもの子供部屋をつくります。ヨーロッパにもカタツムリの殻を利用するハナバチは何種類かいるのですが、日本ではマイマイツツハナバチしかいません。このハナバチは、本州、四国、九州などに分布することが知られていますが、生息地はかぎられているようです。

私が出会ったのは、奈良県にある、近畿大学農学部のキャンパスでした。ここではクチベニマイマイやニッポンマイマイというカタツムリが生息しており、マイマイツツハナバチは、その空き殻を使っていました。西日本ではほかにも、ミカン畑でもマイマイツツハナバチがよく見られたようです。これは、ミカンの果実などをカタツムリが食べに来るために、その場に空き殻が多く残り、マイマイツツハナバチにとって絶好の営巣場所となっていたようです。最近は防除《ぼうじょ》が行われているために、カタツムリも減り、このハナバチも少なくなっているのかもしれません。

◇巣の材料はどこから集める？

セイヨウミツバチの巣は、ワーカーの体から分泌する成分と、巣外から持ち帰ってきた材料を組み合わせてつくられます。ワーカーは、自分の腹部から分泌する物質（蜜ろう）を使って巣をつくります。さらに樹木の新芽や樹皮などをかじり取って持ち帰ると、抗菌活性《こうきんかっせい》をもつプロポリスをつくり、これを巣の補強などのために塗《ぬ》り付《つ》けるのです。

日本に生息しているニホンミツバチは、セイヨウミツバチとよく似ているといわれますが、プロポリスをつくることはありません。そのため、ニホンミツバチは、蜜ろうだけを使って巣をつくりあげます。

その他のハナバチではどうでしょうか。筒の中に営巣するタイプのハナバチは、筒の中での仕切りや壁、緩衝材《かんしょうざい》に使う材料を持ち込みます。ハキリバチの仲間では、持ち込む材料もさまざまです。バラハキリバチはバラの葉っぱを切り取ってきます。オオハキリバチは松脂《まつやに》を使いますし、トモンハナバチは植物の綿毛を利用しています。

種によっても使う材料が異なるので、見つけた筒の中に成虫がいなくても、巣の材料に使われているものをみれば、ハナバチの種を特定することができます。

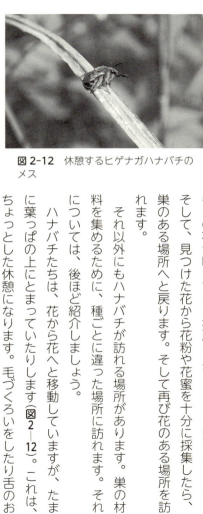

◇昼間の居場所――どこに出かけているの?

ハナバチが昼間に訪れる場所の最有力候補は、もちろん花です。それぞれのハナバチは、多くの花が咲いている場所を見つけようと飛び回ります。そして、見つけた花から花粉や花蜜を十分に採集したら、巣のある場所へと戻ります。そして再び花のある場所を訪れます。

図2-12　休憩するヒゲナガハナバチのメス

それ以外にもハナバチが訪れる場所があります。巣の材料を集めるために、種ごとに違った場所に訪れます。それについては、後ほど紹介しましょう。

ハナバチたちは、花から花へと移動していますが、たまに葉っぱの上にとまっていたりします(**図2―12**)。これは、ちょっとした休憩になります。毛づくろいをしたり舌のお手入れをしたりしています。そして、準備が整うと、再び忙しく飛び回ります。

水辺でハナバチに出会うこともあります。ミツバチでは、水辺にある石やコケから水を口に含んで巣に持ち帰ります。この水分を舌にのせて蒸発《じょうはつ》させ、気化熱《きかねつ》を使って巣の温度を下げます。

一風変わった行動では、ニホンミツバチは秋にレタス畑へ飛来して、成熟してきたレタスの葉や中心部をかじるという行動をみせます(図2―13)。レタスの奥へ奥へともぐりこみ、葉の端《はし》や芯《しん》に何個体もが群がっています。何のためにレタスをかじるのかはまだよくわかっていませんが、ダリアなど他の植物の葉っぱもかじることもあります。

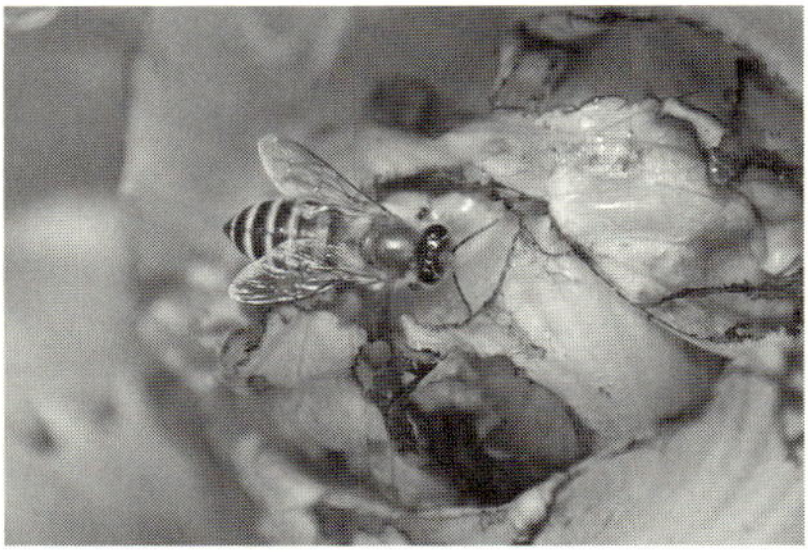

図 2-13　レタスをかじるニホンミツバチ

セイヨウオオマルハナバチでは、まだ開花していないトマトの株《かぶ》を訪れたときに、葉をかじったり穴をあけたりすることがあります。こうやって刺激を与えることで、トマトの開花を促進させることもしています。

◇夜の居場所――どこへ帰っているの？

ハナバチは夜になると、どこへ行くのでしょうか。皆さんが家へと帰るように、毎日自分の帰るべき家（巣）があるハナバチもいれば、そうではないハナバチもいます。

ミツバチやマルハナバチを代表とする、高度な社会性をもつ種では、朝になるとワーカーたちが餌や巣材を探しに巣から出かけ、夜になると巣へ戻ってきます。ミツバチではオスは外に出かけてもまた自分の巣に戻ってきます。ただし、マルハナバチでは、オスは一度巣から出たらもう戻ってこないこともあります。

多くのハナバチは、帰るべき巣をもっていません。地中に巣をつくる種では、メスは、夜になると、昼間につくっていた作業途中の巣の中に潜《もぐ》り込《こ》むか、巣の隣に簡単な穴を掘って、そこで夜を明かしたりします。竹筒や植物の茎の中に巣をつくる種でも、同じように筒の中で夜を明かしたりします。

オスはどうしているのでしょうか。メスのように巣をつくるわけではないので、いつも野

図 2-14　葉にぶら下がって越夜するミナミスジボソフトハナバチ

宿するようになります。草むらで葉や花の上にとまってじっとしています。大抵は単独でいることが多いのですが、時には同じ場所に何個体も集合して夜を明かすこともあります。

フトハナバチの仲間は、夕方になると一つの葉や枝にずらりと並んでいることがあります（**図2―14**）。このとき、脚でしがみつくのではなく、大あごだけを使って葉にぶら下がります。そのため体を宙に浮かせた状態で休息することになります。面白いことに、フトハナバチでは、オスだけではなくメスも同じように葉にずらりとぶら下がっていることもあります。

私がよく出会ったのは、西表島や石垣島などにいるミナミスジボソフトハナバチでした。このハナバチでは、時期によって、オスだけの集団やメスだけの集団があったり、時にはオスメス混合になった集団があったりしました。どの個体もしっかりと大あごで葉をくわえていて、ちょっと風に吹かれたぐらいでは、まったく動きませんでした。

◇夜遊びするハチもいる

これまでお話ししてきたように、ハナバチは昼間に活動して、夜には動かずにじっとしています。ただし、夜に活動するという変わり者もいます。このような夜行性のハナバチは、亜熱帯や熱帯地域の高緯度で温暖な場所で見つかっています。例えば、インドに生息するクマバチの一種は、真っ暗な夜でも餌を探しに出かけます。

図 2-15　ハナバチの単眼と複眼

私たちも真っ暗な暗がりで動こうとすると、しばらくその場で目を慣らさなければいけません。夜行性のハナバチたちが暗闇の中を動けるのは、単眼が大きな役割を果たしているからです。

これはハナバチの頭部にある小さな3つの丸い器官です。顔の両側にある大きな複眼とあわせると、5つの「眼」をもっていることになります(図2―15)。複眼は物体の大きさやイメージをとらえるのに使っているのに対して、単眼は光の強弱を感じ取っています。夜間に活動するハナバチは、この単眼が大きいため、月明かりや薄暮の時間のわずかな光を感じ取って活動することができています。

コラム

ハチの巣を見つける方法

畑の畔《あぜ》や道ばたに立ち止まってじっと地面を眺めていると、「何をしているんですか」とたまに声を掛けられます。ハナバチの巣を見ているんですと言うと、とても危ない生き物が出てくるんじゃないかと思って、怖がられることがよくあります。

テレビのニュースで、スズメバチの巣があるのに、知らずに近くまで近寄ってしまったので刺されてしまった……という報道があったりすると、なおさらに恐怖心をあおられてしまうかもしれません。

でも、実際にハナバチの巣を見ていて危険な目にあうことは、ほとんどありません。ただし、社会性のハナバチは巣を集団で守ろうとする性質があります。たとえば、セイヨウミツバチは、慣れた人でないと、巣箱の近くに不用意に近づくと攻撃されてしまうことがありますから、注意が必要です。服の中に入られないように袖《そで》を絞ったり、顔を覆《おお》うことのできる網付きの帽子などを被ったりしましょう。

また、野外で出会うニホンミツバチやマルハナバチの仲間も巣を見つけたからといって、いきなり襲われることはありませんが、静かに離れた場所から見ましょう。日本にはいませんが、ハリナシバチの仲間には、とても攻撃性が高いといわれるアフリカナイズドミツバチに対しても、果敢に攻撃するような種もいます。針はなくとも、その大あごでかまれるととても危険だといわれています(ハリナシバチは日本には生息していませんから、そんな怖い目にはあわないですね)。

それ以外のハナバチの巣はどうでしょうか。スズメバチやアシナガバチの巣のようなものを想像されることがありますが、そんな目立つような巣ではありません。

地面につくられた巣でも、筒や木の中につくられた巣でも、近寄りすぎて刺されるということはありません。巣の入り口から飛び出してくるハナバチの進路を妨害《ぼうがい》するような場所にいたりしない限り、ハナバチとぶつかることはありません。ぶつかったからといって、すぐに刺されるなんてこともありません。ですので、横に座って静かに観察しているだけなら、危険なことはないのです。

巣に近づくときの心構えを覚えたら、次に野外でハナバチの巣を探してみましょう。最初はなかなか見つけることができません。

当たり前ですが、私も最初は巣を見つけることが全くできませんでした。春先に家の近くの農道で、地面を眺めながらゆっくり歩いていると、やや乾いた地面に小さな丸い穴が開いているのを見つけました。よくよく見ると、そこかしこの地面に丸い穴が開いています。その上を何個体も小さなハナバチが飛び回っています。穴をよく覗《のぞ》き込《こ》んでみると、小さな顔が、穴の前に見えました。近づきすぎると、その顔もすっと奥に引っ込んでしまいます。これがアカガネコハナバチの巣穴でした。

巣穴の大きさやどんな場所にあるのかがわかると、ほかの場所に行っても、似たような条件や環境の場所を探してみると、巣を見つけられるようになります。たいていの場合、巣の入り口を１つ見つけると、その周りにいくつもの巣を見つけることができます。

この体験をもとにして、いろんな場所で違ったハナバチの巣を見つけることができるようになりました。ハナバチの巣があるのは、自然が豊かな場所だけとは限りません。保育園で園児が歩いている地面だったり、都市の中にある公園の草地だったりと、私たちの生活場所の近くで見ることができます。

コラム

研究室でハナバチの巣を管理する

私の研究室では、ミツバチやマルハナバチといったハナバチだけでなく、野生のハナバチも対象にして、生態や生活史、行動について研究をしています。その場合には、外を飛び回っているワーカーをつかまえてきて実験をするわけではありません。

セイヨウミツバチやクロマルハナバチを使って、農作物に花粉を運んでもらう実験などでは、購入した巣箱を、実験用の網室《あみしつ》やビニールハウスなどに設置しています。それ以外にも、室内に設置して実験することもあります。クロマルハナバチやセイヨウオオマルハナバチは、商品として販売されているので、巣が入った箱を実験室内に静置《せいち》しておき、その中から、実験に使うワーカーやオスを取り出して、個別に用意した人工巣箱に分けて飼育することもあります。実験室内は、他の昆虫も一緒に飼育することもあるので、基本的に摂氏《せっし》25度ぐらいを維持《いじ》しています。野外で実験に使うミツバチの巣箱も、網室内に設置したマルハナバチの巣箱も、夏の暑さは生存に関わってくるので、なるべく涼しくなるように、遮光《しゃこう》ネットや扇風機などを使ったりすることもあります。マルハナバチの巣箱の場合には、専用の冷却装置も販売されていたりします。

野生のハナバチで、地中に巣を掘るタイプのハナバチですと、巣を掘り出してこなくてはいけませんので、なかなか飼育は難しいです。ただし、人工的に土を盛って固めた場所を用意して、そこに営巣《えいそう》させてみるという試みは、日本でも他の研究者がされていたりします。

筒の中に巣をつくるハナバチだと、研究室でも野外でもその巣を持ち運んで観察することも簡単です。春に営巣したツツハナバチやマメコバチの巣を、現地から持ち帰ってくると、室外に常温で静置させておきます。これらのハナバチは、孵化《ふか》するとすぐに成長し、秋ごろには成虫になって繭《まゆ》の中でじっとしています。ただし、成虫になった後、5度前後の低温で3か月以上維持しなければ、春に筒から出て、活動をしてくれません。

意外に思われるかもしれませんが、これらのハナバチは暑さ（高温）に弱いので、25度に維持した研究室の中に長期間置いてしまうと、繭の中で成虫が死亡してしまうこともあります。そのため、私の研究室でも、玄米を保存するための巨大な冷蔵庫の中に、マメコバチやツツハナバチの入った筒を保管しておいたりします。

ハナバチを含め、多くの昆虫にとって、生育したり、活動したりしやすい温度があります。この温度や、温度を維持する期間を変えることで、成虫の生存率や、活動期間を操作することもできます。

マメコバチは、そのまま室外に筒を置いておくと、4月ごろから成虫がどんどん飛び出してきます。リンゴの花が開花するのは4月下旬から5月上旬です。多くの花が咲いている最盛期のタイミングに、マメコバチに訪花《ほうか》してもらうために、地域によっては、秋以降に0〜5度に維持された冷蔵庫に筒を保管しておきます。毎年、リンゴの花の咲くタイミングは微妙に違っています。そこで、その年の開花予想が発表されると、その10日前に冷蔵庫から筒を出して、園地に設置し、マメコバチに花粉を運んでもらうのです。冷蔵する期間をやや長くすることで、6月ごろに成虫が筒から出て活動してもらうこともできます。

第3章

人のくらしを支えるハナバチ

スミゾメハキリバチ

ここからは、ハナバチの存在が私たちの生活と深くつながっているところを紹介していきましょう。

◇作物生産の支えとなっている代表格――セイヨウミツバチ

みなさんが真っ先に思い浮かぶ「ハナバチ」というと、ミツバチかもしれません。おそらく世界の多くの場所で聞いてみても、大抵の人がそう答えるでしょう。セイヨウミツバチに代表されるミツバチの仲間は、私たち人間とは古くからの付き合いがあります。

ミツバチと私たちの生活とのつながりといえば、ハチミツは欠かせません。「ハチミツの歴史は人類の歴史」ということわざがあるぐらいに、古い時代から人間はハチミツを食べていました。今ではハチミツ以外にも甘い食品はたくさんあります。でも、古代の人々にとっては、ハチミツほどの甘さをもつ食べ物はなかなか手に入れることができませんでした。3000年以上前の先史時代に生きていた人々は、野生のミツバチの巣を探して、そこからハチミツを持ち帰っていました。そのころに描かれた壁画をみると、ミツバチを鎮《しず》めるために煙でいぶしたり、梯子《はしご》をつかって崖につくられた巣を取りに行ったりしていたようです（図3―1）。

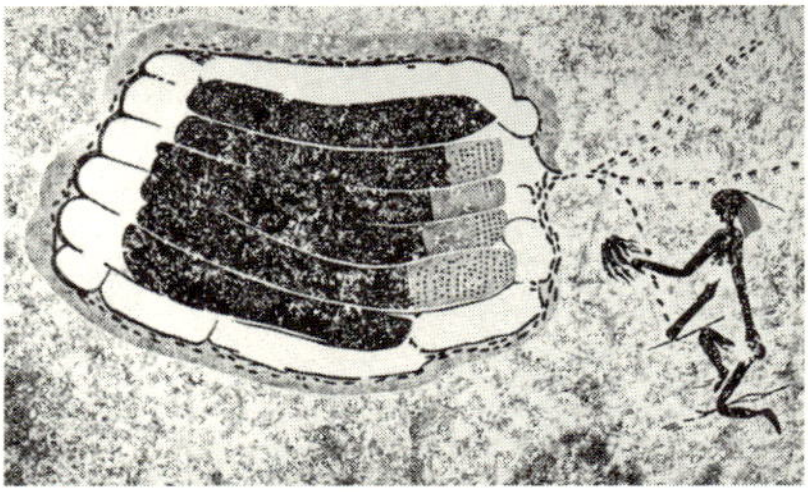

図 3-1　ジンバブエのマトボの丘群にある洞窟に残された壁画．ミツバチの巣を煙でいぶしていると思われる．（Harald Pager, *Rock Paintings in Southern Africa Showing Bees and Honey Hunting*, Bee World, Volume 54, 1973 より）

ハチミツ以外にミツバチは私たちの生活とつながっているのでしょうか。じつはとても大事なつながりがあります。それは、「作物で株《かぶ》から株へと花粉を運ぶ」という役割です。これは第1章でもお話ししたように、花粉媒介《かふんばいかい》（送粉）といいます。農業分野では、花粉交配《かふんこうはい》ともいいます。農家では、収穫できる量をできるだけ多くするために、広い場所に株や木を植えています。たくさん花が咲いてくれれば、そのぶんだけたくさんの果実を収穫できます。でも、咲いている花から花へと花粉が運ばれないと種子がつくられず、実が大きくなりません。

◇ミツバチの巣箱は購入できる

作物栽培をしている農家では、セイヨウミツバチの巣箱をビニールハウスや畑、果樹園のわきに設置しています。この巣箱は花粉交配用にと、専門の会社から販売されています。私たち研究者は、養蜂《ようほう》器具や巣箱を販売している会社から直接巣箱を購入しています。地域によっては農協などが取りまとめてリースやレンタル契約をしたり、一括《いっかつ》購入したりするところもあります。

巣箱を購入したら、目的の作物付近に設置して、成虫の活動が始まるのを確認します。どれぐらいの大きさの巣箱をいくつ置くかは、栽培する作物などによって違ってきます。一般的なビニールハウスであれば、巣箱1つを設置します。ただし、作物の受粉期間や栽培面積によって、巣箱の中にいるミツバチの数は変わってきます。

短い期間だけ花粉交配に使うのであれば、女王なし・ワーカーだけ2000〜3000個体入った巣箱、1か月から2か月ほどであれば、女王入り・ワーカー4000個体入りの巣箱、2か月から6か月なら女王入り・ワーカー6000〜8000個体入り……といったように販売されている巣箱の規模も異なっています。また、1000平方メートル(10アール)未満の面積のビニールハウス内で栽培されている作物なら、ワーカー6000〜8000個体入りの巣箱1つ、10アール以上なら巣箱2つにするといったように、面積によっても適正な巣箱の量は変えることがあります。

それぞれの巣箱は、販売する会社や巣箱の大きさによって値段も違います。私もよく実験などで利用している、女王入り・ワーカー4000個体入りの巣箱だと、3万円程度で購入していました。

日本養蜂協会の調べたデータによると、ビニールハウス内での送粉用として、イチゴやメロン、スイカ、ナスといった作物で使われていますし、果樹園や露地では、ウメやオウトウ(さくらんぼ)、リンゴ、ナシ、カキ、かぼちゃといった作物があります。セイヨウミツバチを使った花粉媒介は、日本だけでなく海外でもいろんな作物で利用されています。

◇野生植物の送粉に貢献《こうけん》している——ニホンミツバチ

日本には、もともと固有種《こゆうしゅ》であるニホンミツバチが、野外に生息しています。セイヨウミツバチに近縁《きんえん》で、やや小柄《こがら》です。日本全国に分布《ぶんぷ》していますが、ニホンミツバチの巣箱の流通はほとんどありません。ニホンミツバチを飼育して、ハチミツを販売する養蜂家《ようほうか》もいますが、その数は少数です。たいていの場合は、趣味で養蜂を始めたいという人たちが、自分で空の巣箱を用意して、そこにやってきた野生の個体群《こたいぐん》を飼育しています。

いずれにしても、ハチミツを取ることが目的で、自分の庭や畑に植えている農作物の花粉媒介を目的として使うことはほとんどありません。ニホンミツバチはセイヨウミツバチに比べると周りの環境の変化などに敏感《びんかん》で、ちょっとでも異変や変化が起きると、巣を放棄《ほうき》してどこか別の場所へと移ってしまうこともあります。

それではニホンミツバチは何も役に立たないのかというと、そうではありません。日本の自然環境に生育する在来の花々での送粉に大きく貢献《こうけん》しています。また、巣の近くに花を咲かせる農作物があれば、そこを訪れて花粉や花蜜《かみつ》を取りますので、その際に送粉に貢献することもしています。

百聞は一見に如《し》かず。畑や果樹園に出かけてみるのが一番です。もし見つけることができたら、離れた場所からそっと見守ってみましょう。

◇ハウス栽培で利用されている――マルハナバチの仲間

マルハナバチは、ミツバチと同じように、世界中で花粉媒介のために利用されているハナバチの仲間です。ミツバチよりも丸っこい体で、全身がふさふさした毛でおおわれています。この毛の色の違いも、マルハナバチの仲間を見分けるときには役立ちます。

ミツバチの仲間の多くは南半球側の温暖な地域に多いですが、マルハナバチの仲間は、主に北半球のやや寒い地域や、標高の高い山などに生息しています。日本よりももっと寒い北極圏にも生息している種がいます。

ハチの曲として有名な、リムスキー＝コルサコフの「熊蜂の飛行」の本来のタイトルは「マルハナバチの飛行」です。作曲者はロシア出身ですので、マルハナバチが一面に広がる草むらをぶんぶんと飛び回る姿からインスピレーションを得たのかもしれません。

マルハナバチの中では、セイヨウオオマルハナバチが花粉媒介用に大量に増殖《ぞうしょく》されており、世界中で使用されています。体の色は黒と黄色のコントラストになっていて、お尻の先が白いのが特徴です。日本でも北海道ではトマト生産のためにビニールハウスに導入されていました。

しかし、ハウスから逃げ出した個体が野外に定着してしまいました。その後、徐々に個体数を増やして分布範囲を広げ、在来のマルハナバチの生息を脅《おびや》かす存在になってしまいました。そのため、現在では特定外来生物に指定されて、ハウスなどでの利用以外は駆除《くじょ》の対象となります。日本では困った存在となっていますが、世界的にはセイヨウミツバチに次いで重要な花粉媒介をしてくれるハナバチとして利用されています。

日本ではほかにクロマルハナバチという在来種を対象として、大量増殖が行われ、花粉媒介用に国内で販売されています。こちらは在来種ということで、セイヨウオオマルハナバチよりも流通量が増え続けています。2024年の時点では、市場での販売量はセイヨウオオマルハナバチよりも多くなっています。

ただし、クロマルハナバチは在来種といっても、もともと生息していない地域である北海道などでは利用できませんし、本州でも、ビニールハウス内で逃げ出さないような措置《そち》をした場所での利用に限られています。こちらも、ミツバチと同じように、うまく送粉してもらうには、ハウスの大きさに見合った巣箱の数を用意しなければいけません。例えば大玉トマトの栽培では、10アールの広さにつき巣箱1つを設置するといったように、販売メーカーによって推奨されています。

こちらもセイヨウミツバチ同様に、販売メーカーや巣箱のサイズによって値段が変わってきます。あくまで一例ですが、標準的なクロマルハナバチの巣箱だと、こちらも一つ3万円程度です。でも、どちらのハナバチも農作物の生産には欠かせない存在です。

◇果樹園でみられるハナバチ——ツツハナバチの仲間

他のハナバチはどうでしょうか。ミツバチやマルハナバチに次いで有用なものとしては、ツツハナバチの仲間が挙《あ》げられます。といっても、あまりなじみがないかもしれません。ツツハナバチの仲間は体のサイズはミツバチよりも小さく、体中を毛が覆《おお》っています。指の先にのせてみると、人さし指の先ほどの大きさです(**図3—2**)。

ツツハナバチ、という名前の由来は、巣の材料として筒状《つつじょう》になった材《ざい》を利用することにあります。母親は、直線状になった筒の中に、順番に子供部屋(育房《いくぼう》)をつくって、花粉を集め、そののち産卵《さんらん》します。羽化《うか》した子供たちは、筒の先側にある育房から順に出ていきます。

この仲間は、人間が常に管理しているセイヨウミツバチや商品として販売されているマルハナバチと違って野生種です。ですので、巣をつくる場所を用意してあげる必要があります。母親が営巣《えいそう》するのにちょうどいい直径の筒や茎《くき》の中が空洞になった植物をまとめて野外に設

図 3-2　指の上にのるほど小さい

図 3-3　筒につくられたマメコバチの巣

置しておくと、巣をつくり始めてくれます（**図3―3**）。ミツバチのように定期的な管理をほとんど必要としません。雨などが当たらない場所に設置しておくだけでよいのでコストが低く、手軽にできます。

このツツハナバチの仲間は、ヨーロッパや北アメリカなどで果樹の花粉媒介に利用されています。主にリンゴやナシ、ブルーベリーといった果樹で多く使われています。日本においても、ツツハナバチの一種であるマメコバチが花粉媒介に利用されています。マメコバチはリンゴやオウトウ、日本ナシといった果実の生産に深くかかわっていて、特に東北・中部地方で送粉に貢献しています。

日本の農家は、毎年春になると空《から》の筒を束《たば》ねたものを用意して野外に設置します。すると、マメコバチの母親が花を回りながら花粉を集め、巣をつくりはじめます。やがて、その筒が営巣されていたら、それを保管しておき、開花前には自分の果樹園に設置します。こうして次の春先に羽化した新成虫が元気に花粉を運ぶのです。

用意する筒の長さによって、仔が育つための育房の数も変わってきます。筒が長くなると、たくさんの育房がつくられますが、ある程度の長さ以上になると、育房の数も一定になります。多くの農家や試験場では、筒の長さが15センチメートルほどのものを用意しています。

マメコバチがつくる巣を縦に割ってみると、1つの筒の中にいくつもの育房が順序良くならんでいます。年代や地域によっても変化しますが、私たちが調査した2023年では、1本の筒の中に、平均5個体から7個体分の育房がありました。他の研究記録をみると、15センチメートルの筒では、平均は同じぐらいで、最大で13個体も1つの筒に入っていることもあるようです。

ただし、用意した筒すべてにぎっしりと営巣するわけではありません。そのため、ミツバチの巣箱から出てくるワーカーの数と比べると、せっせと飛び回る個体数には雲泥の差があります。出現する個体数が少なくて大丈夫だろうかと心配してしまうかもしれません。

実は、ツツハナバチの仲間の送粉能力はミツバチよりも高いことがわかっています。例えば、マメコバチは腹部の毛に花粉をためて移動します。その際、ミツバチのように、集めた花粉を花蜜《かみつ》や唾液《だえき》でカチカチに固めて持ち運ぶことはありません。ミツバチは自分たちの巣へと確実に多くの花粉を持ち帰るために、このような方法をとります。集められた花粉は、花の上に落ちることがなく、またあまりうまく受粉できません。

一方、マメコバチが腹部の毛の間にため込んだ花粉は、固めているわけではありませんし、体中の毛にも花粉がついたままなので、体から時折こぼれて花の上に落ちます。こぼれるということは、植物にとっては好都合で、受粉できる状態の花粉をうまく別の花に運んでもらえたということになります。

実際にリンゴ園で調査した結果からは、マメコバチ1個体あたりの1日の訪花数《ほうかすう》はミツバチの5倍、マメコバチが結実させたリンゴの数はミツバチの30倍もの違いがあります。

マメコバチの活動範囲は巣にした筒を中心として、おおよそ半径50メートルから150メートルくらいだと考えられています。この活動範囲でカバーできる果樹園の面積は8000平方メートル(80アール)から7万平方メートル(7ヘクタール)の広さになります。広大なリンゴ園で、結実率50％を目指すとしたら、少なくとも600個体を用意しなくてはいけません。1つの筒あたり5個体が羽化し、オスとメスが半分ずつ生まれると仮定してみると、約240本の筒を用意することになります。

◇農地でみられる他のハナバチたち

世界的に活躍しているハナバチはこれだけではありません。北アメリカではアルファルファハキリバチやアルカリアオスジコハナバチといったハナバチが、アルファルファの種子を生産するために利用されています。アルファルファというのは、とても栄養価が高い飼料用マメ科作物のことです。これは牛や馬の飼育のために、牧草として利用されています。近年ではスプラウトとして食用になることもあります。大きくみれば、牛や馬といった大型動物の飼育にも、食肉の生産にも、ハナバチは大切な役割を果たしているのです。

また北アメリカなどではカボチャを好んで訪花するスクワッシュハナバチもいます。こういったハナバチは自然環境で巣をつくって生息しているため、人が巣箱を管理しているミツバチよりも個体数は少ないものの、花粉媒介能力が高く、植物にとってはありがたい存在となっています。

◇ハナバチいらずの果樹もある？

ここまでは、作物の受粉に必要となるハナバチの仲間をそれぞれ紹介してきました。私たちが普段食べている果物は、小さなハナバチたちの活躍があって初めて実ることができます。でも果樹の中には、ハナバチによる花粉媒介を必要とせずに実をつくることのできる作物もあります。それは風で花粉を移動させる風媒花《ふうばいか》の植物です。

みかんをはじめとするかんきつ類やブドウなどは、ハナバチに頼らない風媒の作物です。これらの作物では、人が果物を食べるときに、種子があると食べにくかったり、種を吐き出さないといけないというわずらわしさを解決するために種無し品種がつくられたりしています。

みかんで代表的な種無し品種としては、冬になるとこたつに入りながら食べることがある、温州《うんしゅう》みかんがあります。

ブドウも、デラウェアやシャインマスカットのように種無しの品種が人気になっています。

品種改良したり、ジベレリンなどの植物ホルモン剤を使ったりすることで、種がない果実の栽培が可能になりました。種をわざわざ取り出したりしなくても、一口で食べられる手軽さは、みなさんが経験しているのではないでしょうか。

他にも、花粉媒介を必要としない農作物もあります。キュウリは、本来は送粉者を必要とする作物ですが、国内で出回っている品種のほとんどは、受粉しなくても実がなります。これを単為結果性《たんいけっかせい》といいます。花粉を媒介する昆虫がいなくても、簡単に実をつくることができることは、作物の生産性を高めるうえでも重要です。また、こういった品種は農家の方だけでなく、一般の方も手軽に自分で作物をつくることができるようになり、家庭菜園などの普及にも一役買っています。

このように種無し品種が増えることは、とても便利な面もありますが、種が入ることで、果実の形が整ったり、大きくなったりする作物もあります。ハナバチたちが花粉を媒介する作物では、かれらによって花粉がしっかりと運ばれることで、おいしい実ができあがっています。

◇ヒトと昆虫のかかわり（害虫・益虫《えきちゅう》ってなんだろう）

昆虫の話をしていると、「カメムシは、部屋に入ってくるし、臭いにおいを出すから害虫だ」とか、「ミツバチは、ハチミツをつくっているから益虫だ」といった表現を耳にすることがあります。この「害虫」や「益虫」という表現は、その昆虫が、人間のために役に立つかどうかということだけで判断したものです。そのため昆虫の一面しかみていないことが多いのです。

もともと日本では害虫や益虫といった考え方はありませんでした。文明開化が起こった明治時代に、欧米から害虫を管理するという考え方が持ち込まれました。そこから人間の生活や農作物の生産にあたえる影響によって、昆虫を区別するようになったのです。

農業害虫とされる昆虫は、実に多様です。農作物ごとにそれぞれ違っています。例えば水稲だと、バッタやカメムシの仲間に加えて、チョウやガの仲間が代表的なものとして挙げられます。特に日本では水田の稲に害をもたらす昆虫を防除《ぼうじょ》するために、大学や研究所でさまざまな研究が進められてきました。収穫前のコメに口吻《こうふん》を突き刺して黒い点を残してしまうことで「斑点米」をつくってしまうカメムシや、イネの葉や茎を吸って病原菌《びょうげんきん》を媒介し、枯らしてしまうウンカやヨコバイなどがいます。茎や葉を食べてしまうチョウやガの幼虫もいます。これらの昆虫の生活史や生態はとてもよく研究され、個体数を減らすための工夫や技術が発展してきました。

一方、益虫とよばれる昆虫としては、絹《きぬ》をつくるカイコやハチミツを生産するミツバチが代表例として挙げられます。カイコについては、大量生産や管理、品質向上のために膨大《ぼうだい》な研究がなされてきましたし、セイヨウミツバチも生態や飼育方法が十分に確立しています。

野生のハナバチを含《ふく》む昆虫たちを利用した花粉媒介については、日本では、1970年代から1990年代にかけて、研究が盛んに行われていました。特にリンゴ園で活躍しているマメコバチの利用方法や普及活動が、東北地方を中心に進められてきました。

それでも、益虫についての研究の数はまだあまり多くありません。その理由の一つは、それぞれの昆虫がどんな役割を果たしているかよくわからなかったため、身近にいても、あまり関心をもたれなかったということがあります。害をもたらす場合には積極的に注目されますが、利益をもたらしてくれる場合には静観し、わざわざ手を加えるということはなかったのです。

益虫や害虫といった考え方は、あくまで人間中心的なものです。昆虫自身が、害虫になりたいと思ってしているわけではありません。どちらの昆虫たちも、生態系の一部としてとらえてみると、大切な役割を果たしているのです。

◇生活を支えてくれることを、サービスとよぼう

これまで、人間は自然生態系の中にあるものは、自分たちだけが利用するのだと考えて、どんどん使ってきました。自分たちの生活を維持《いじ》するために、生態系を利用するという、人間中心の考え方です。しかし２０００年代になると、その考えが変わりはじめます。私たち人間は、自然からさまざまな恩恵《おんけい》をサービスしてもらって生活している、という考え方です。これを生態系サービスとよんでいます。

このきっかけとなったのが、２００１年から２００５年にかけて、国連の主導で実施された「ミレニアム生態系評価」です。それまで私たち人間は、生態系を利用しながら、環境破壊や生物の多様性の喪失につながることを続けてきました。

１９５０年代ごろから、人口の増加や経済発展にともなって、世界中で生態系から受けて

きた恩恵を、さらに使い込むようになったのです。多くの土地を農耕地につくりかえたり、マングローブ林やサンゴ礁を破壊したり、魚などの海産物を過剰に獲るなど、人間生活を豊かにすることに目を向けて活動してきました。

けれども、ミレニアム生態系評価によって、こうした生態系の変化が人間の生活の豊かさにも悪影響を及ぼすということが、初めて報告されたのです。ここから、生態系や、生態系サービスが劣化しつづけないようにするために、重要性や価値を評価するようになったのです。

生態系サービスには、いくつかのサービスが含まれています。大きな柱として、「供給サービス」、「調整サービス」、「文化的サービス」、「基盤サービス」の四つがあります。この中にはさらに細かなサービスがいくつも含まれています(**図3―4**)。

例えば、わたしたちの生活に関わる食料や水、燃料、資源の供給といったものは、供給サービスになります。農作物への花粉媒介や気候・洪水の制御は調整サービス、森林浴などによってリラックスすることは文化的サービスと、それぞれ分けることができます。

これら3つのサービスを支えているのが基盤サービスです。基盤サービスは土壌《どじょう》の形成や

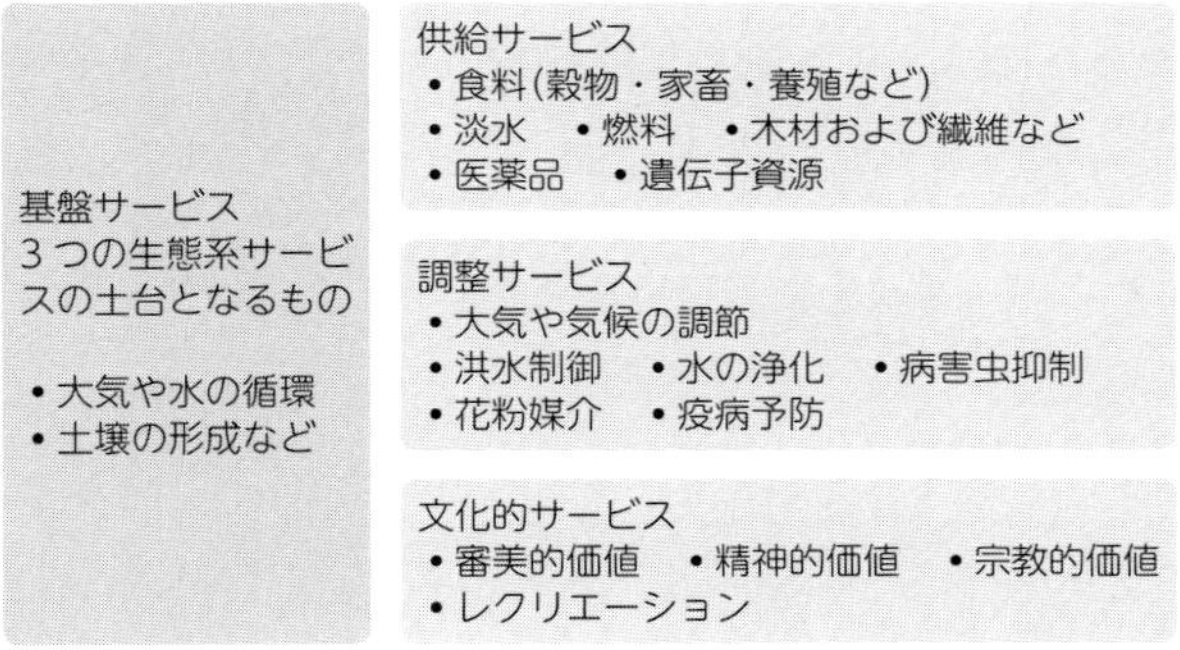

(MEA 2005をもとに作成)

図3-4　生態系サービスの分類

酸素の生成、水の循環《じゅんかん》といったもので、どのサービスをする上でも重要です。わたしたちの社会はこれらのサービスに頼って成り立っているために、どれか一つでも欠けてしまうと、途端に困った状態に陥《おちい》ってしまいます。

◆サービスの値段はいくら？

生態系が私たちにもたらしてくれるサービスは、人間が自分たちで行おうとすると、とんでもなく大変な労力と費用がかかります。

地球全体での生態系サービスすべての価値を試算すると、２０１１年の試算では、１年あたり約１京８２５０兆円（年１２５兆ドル）という途方もない金額になることがわかりました。

それでは、ハナバチやほかの昆虫たちによる花粉媒介サービス（送粉《そうふん》サービス）についてみてみましょう。果樹園でリンゴやナシ、オウトウなどを栽培する場合や、露地《ろじ》（屋根などがない、一般的な畑の状態）で、トマトやカボチャなど果菜を栽培する場合には、花粉を媒介してくれる生物が必要です。

農作物のうち、約75％は動物（大半が昆虫）が、花粉を媒介するというサービスをしてくれることで、生産できています。そのため、彼らによるサービスの効果がとても大きいことは、なんとなく想像がつきます。経済的な視点からみて、価値を金額で表してみると、驚くべき値段が出てきました。

IPBES（生物多様性及び生態系サービスに関する政府間科学―政策プラットフォーム）が試算したところ、送粉サービスは、1年間に約33兆～82兆円（2350億～5770億ドル）もの価値があると結論づけられました。

日本での送粉サービスの価値は、2013年時点の評価では約4700億円となっています。このうち、野生ハナバチなどによる貢献は3330億円になります。セイヨウミツバチによるサービスが約1000億円ですので、全体の4分の3にあたる割合を野生の昆虫たちが送粉してくれていることになります。

◇貢献額の算出方法

このような昆虫たちの貢献は、どうやって計算しているのでしょうか。日本で生産されている、昆虫による花粉媒介が必要な農作物についてみていきましょう。

それぞれの農作物の1年間の生産額(平均販売価格×年間収穫量)に対して、送粉昆虫依存度(貢献度)という数値を掛けます。これは0から1の間の値をとります。例えばカボチャの場合、露地栽培だと0・95、ビニールハウス栽培だと1・0となります。これで農作物ごとに、花粉媒介昆虫による貢献額が算出できます。

さらに、各農作物でのセイヨウミツバチやマルハナバチの貢献額を出すためには、別の数値を加えます。例えば、マルハナバチだと、農作物の1年間の生産額×その農作物への貢献度×1年あたりのマルハナバチ導入率によって算出します。

野生ハナバチを含めた花粉媒介昆虫については、じつは正確な貢献額を出すことができていません。それは、実際にどれぐらいの栽培面積で、どれぐらいの個体数が利用されているかという情報が、ほとんどないからです。

日本で利用されている野生ハナバチの代表というと、リンゴの花粉媒介に利用されているマメコバチがいます。ですが、実際に毎年どれだけの成虫が羽化しているのかはよくわかっていません。毎年、営巣するための資材を用意しておき、花の咲く時期になったら、周りを飛んでいるマメコバチの数をなんとなく数える……といった具合です。ですので、「今年は去年よりもちょっと少なかった」とか、「少しずつ個体数が減っているように思う」といったおおざっぱなものなのです。

このため、野生の花粉媒介昆虫の貢献度は、全ての花粉媒介昆虫による貢献額から、マルハナバチやミツバチによる貢献額を引き算することで表しているのです。

◇ハチが生産にかかわる作物

私たちが、昆虫やほかの動物に頼らずに農作物を生産しようとすると、先ほど紹介した金額を用意して人を雇ったり、機械を使ったりしなければいけなくなります。もちろん、そんな莫大な額を支払うことは誰にもできません。

ハナバチたちに頼らずに授粉しようとすると、人が手作業で行うことになります。例えばリンゴの場合、まだ開花していないつぼみを大量に採取し、中にある葯《やく》を取りだします。もしくは業者を通じて授粉用の花粉を購入します。花粉を噴霧器《ふんむき》に充塡《じゅうてん》したら、園地の端から端まですべての花に花粉を吹き付けていきます。このとき、噴霧器を使わずに、梵天《ぼんてん》という先がふわふわした器具を使って一つずつの花に花粉をつけていくこともあります（**図3―5**）。どちらにしても大変な作業になるのです。

図 3-5　「梵天」を使って花粉をつける

あるリンゴ農家は、リンゴの開花期になると、数日間はほとんど寝ないで、果樹園の中を、花の一つずつに花粉をつけて回っているとおっしゃっていました。広大な果樹園の中に咲く花に、残らず花粉をつけていくというのは、とても労力がいる大変な作業です。やはりハナバチたちの力を借りたくなります。

日本で生産されている農作物は、露地栽培か、ハウスのような施設栽培のどちらかで栽培されています。どちらの栽培方法でも、ハナバチたちの活躍は欠かせません。

皆さんが口にすることのある、甘い果物といえばなんでしょうか。イチゴやメロン、スイカなどが思い浮かぶかもしれません。これらの作物をつくるときにもミツバチやマルハナバチが活躍しています。

農林水産省によれば、例えばイチゴでは、施設栽培が行われている面積は、日本全国で合わせて3000ヘクタールにもなります。この8割以上でセイヨウミツバチを利用して送粉をしています。メロンは2000ヘクタールの8割、スイカも1700ヘクタールの5割にあたる場所でミツバチが利用されているのです。

これだけではありません。玉ねぎやキャベツの生産にもミツバチは関わっています。これらの農作物は果実の部分を食べるわけではありません。よくホームセンターなどで野菜の種などが小さな袋に入って販売されています。この、種まき用の種をつくるために、送粉が必要なのです。

マルハナバチも同じです。施設栽培がされているトマトやナスといった農作物に加えて、ピーマンやズッキーニ、ミツバチが使われているイチゴでも利用されています。トマトの場合には、栽培施設面積６０００ヘクタールのうち、約４割で導入されています。

できあがった果実をみてみましょう。左右のバランスが取れていたり、大きなサイズだったりするものは、うまく種子ができ、果実の中でバランスよく配置されています。このような品質の良いものは、商品価値も高くなります。ハナバチたちが訪れて花粉を媒介すると、こうした形の良い果実が多くできあがります。一方で、受粉がうまくできないと、つぶれたりゆがんだような奇形果になったりします。こうなると、食べたときの食感も悪いですし、商品としても価値がつきにくくなります。

また、ハナバチに頼らずに、人工授粉によって、種子を多く含む果実になるようにするには、一つずつの花に丁寧に、正確に花粉を柱頭につけていかなければいけません。

イネや小麦といった主要な農作物の生産によって、私たちはお米やパンを食べることができます。でもそれだけの食卓は、とても味気なくて寂しいものです。やっぱり色鮮やかな野菜や、おいしい果物が一緒に欲しくなります。こういった野菜や果物の存在は、栄養バランスの面でも大事なだけではなく、私たちの生活の豊かさにも大きく関係しています。

もし、ハナバチたちの送粉サービスに頼れなくなったら、私たちの食生活が大きく変化してしまうでしょう。それだけではなく、野生の花々が咲き誇る光景を見ることも、叶わなくなるかもしれないのです。

コラム

ハチミツについて

スーパーや百貨店に出かけると、食料品コーナーではいろいろなハチミツを販売しています。アカシア蜜《みつ》やミカン蜜といったように、単体の樹木の蜜もあれば、いろんな植物の蜜がまじりあった百花蜜《ひゃっかみつ》として販売されているものもあります。

単体の花のハチミツをつくるためには、その樹木が多くある場所に巣箱を設置して、開花とともにミツバチに蜜を集めてもらい、開花終了前には、蜜を回収します。それぞれの花によって、できあがるハチミツの色や味は違ってきます。黄金色に見えるものから、やや黒みがかった色のハチミツまであります。日本にはありませんが、中央アジアのキルギスで生産されるハチミツには、真っ白いものもあります。これは、エスパルセットというマメ科の植物から取れた蜜でできており、ホワイトハニーとよばれています。

ハチミツは全世界のいたるところで生産されていますので、各国のハチミツを試してみることも楽しいでしょう。今では流通が発達して、ヨーロッパのハチミツ、アフリカのハチミツ、東南アジアの国々のハチミツなど簡単に手に入れることができます。

ハチミツをもとにしてつくられたお酒もおいしいです。ミード(ハチミツ酒)とよばれており、ハチミツと水と酵母菌《こうぼきん》を発酵《はっこう》させてつくられます。起源は古く、紀元前の時代から中国やヨーロッパ、ギリシャ、スカンジナビアの地域で好んで飲まれてきたという記録があります。ハチミツからつくられたというと、かなり甘ったるいものを想像されるかもしれませんが、甘口のものだけでなくすっきりしたドライなものまで幅広くあります。

結婚したばかりの夫婦が出かける新婚旅行を、ハネムーンといいます。これは英語で書くとHoneymoon(蜜月《みつげつ》)となります。もともとは、ハチミツでできたお酒を飲む期間を意味していました。古代の人々はミツバチにあやかって、新婚の2人は、1か月間はミードを飲み、子宝に恵まれることを願ったといいます。

ハチミツについて、より詳しく知りたい人向けには、日本はちみつマイスター協会が体験講座やワークショップなどを開催していますし、認定講師の資格を取ることもできます。

第4章

消えるハナバチたち

指の上に止まって，口吻を伸ばしているアカガネコハナバチ

◇世界は生き物であふれているけれど……

私たちが暮らしているこの地球上には、人間以外にも数多くの生物が生息しています。全《ぜん》貌《ぼう》はいまだわかっていませんが、その数は、おおよそ870万種にものぼると推定されています。すでに発見された生物は、これまでに発見された生物種との違いが明確にわかれば、学名をつけて分類します。

学名というのは、世界中で共通して通用する名前のことです。これはラテン語で名付けられます。私たち人間であればHomo sapiens（ホモ・サピエンス）、セイヨウミツバチであればApis mellifera（アピス・メリフェラ）といった具合です。

研究者同士の会話でも、英語や日本語による固有の名前がない生物であっても、この学名を使うことで、おおよそどんな生物の仲間なのか見当をつけることができます。

例えば、アカガネコハナバチという、とても小さくて美しいハナバチがいます。コハナバチというハナバチの仲間で、英語名はSweat beeといいます。でも英語名がわからなくても、英語がうまく話せなくても、ハナバチの標本を見せて、学名であるHalictus aerarius（ハリクタス・アエラリウス）と言えば、ハナバチを研究している者同士では理解しあえます。

このような学名がつけられた生物種は、約175万種にのぼっており、現在も新種が発見されると、新たに追加されています。そのなかで昆虫類を含む節足動物《ふくせっそくどうぶつ》は、学名がつけられた生物種の半分以上を占めるとされています。もちろん、バクテリアなどはまだ分類されていないものも多く、分類が進めばもっと多くの種が見つかると考えられています。

昆虫類では、第1位がカブトムシやクワガタムシ、コガネムシに代表される甲虫の仲間(コウチュウ目)です。甲虫の仲間は世界中で約38万種以上いるといわれています。次にチョウ、ハエの順で種数が多く、ハチは4番目に種数が多くて、おおよそ11万種が知られています。種数についても、新しく記載される種もあるため、どの分類群でも少しずつ増加しています。

◇身近な昆虫に目をむける

こんなに多種多様な昆虫が地球上には生息していますが、皆さんの暮らしている街や公園、それに自分の家の周りで、どれぐらいの昆虫たちに出会うことがあるでしょうか? 実は身近にもたくさんの昆虫がいます。

春のやわらかい日差しのもと、大学内の小道を歩くと、黄色い翅《はね》が目立つキタキチョウに、白い翅のモンシロチョウ、緑色のショウリョウバッタ、黄色と黒のコントラストのニホンミツバチ、オレンジと黒のトラマルハナバチ、赤地に黒のスポットがあるナナホシテントウと、体の彩《いろど》りも鮮やかな昆虫たちと出会います。もちろん夏には夏に、秋には秋に出現する昆虫たちがいます。

田んぼに行けば、シオカラトンボやホソミオツネントンボ、ナミアメンボ、ゲンゴロウ、タガメ、ミズカマキリといった水生昆虫がいます。街の中にある公園でも、先ほどのチョウやハナバチに加えて、クロヤマアリやアブラゼミ、エンマコオロギなどが足元の草地で活動しています。

私たちは、春夏秋冬それぞれの時期に、違った昆虫たちと出会い、その動く姿を見たり、鳴き声や翅の音を聞いたりすることで季節を感じてきました。それは現在だけでなく、たとえば古典文学や美術作品などに登場する虫の姿からも、人が昔から虫に親しみ、季節を感じてきたことが感じられます。

子供の頃に虫網と虫かごをもって、野山に出かけた経験はないでしょうか。トンボやチョウなどは、格好の標的で、思いっきり網を振り回してつかまえたりしたことがあるかもしれません。高速で飛び回るオニヤンマを捕まえようとして失敗したり、樹液の出るクヌギやコナラといった木を夜に見に行って、ノコギリクワガタやカブトムシを捕まえたでしょうか。はたまた、道端の花の上にいるナナホシテントウを触ってみたことがあるかもしれません。

現在は生活環境の変化などもあり、以前よりも身近で昆虫たちに接することが少なくなってきたかもしれません。それだけではありません。身近にいる昆虫たちが徐々に姿を消し始めたことがわかっています。

◇昆虫全体が減っている

昆虫が減少していることについては、ヨーロッパなどで報告されています。草原に生息するチョウの仲間は1990年以降、ヨーロッパ16か国で39%も減少しています。また、ドイツでは、自然保護区で1989年から2016年までの27年間もかけて、飛翔性昆虫を捕獲《ほかく》するトラップ(マレーゼトラップ)を仕掛けました。その結果、生息する昆虫の生物量(トラップにかかった生き物の総重量)が76%も大幅に減少したと報告されています。

日本では長期間にわたる調査結果はないですが、東京都区内ではゲンゴロウやタガメが絶滅しており、小笠原諸島では固有種《こゆうしゅ》であるオガサワラシジミが野外でも２０２０年以降見つかっていないため、最も絶滅リスクが高くなっています。ゲンゴロウやタガメのような水田を代表する昆虫が減少した理由には、水田環境の整備やアメリカザリガニやブラックバスといった大型の外来生物の侵入によって、生息地が悪化したり、餌《えさ》としていた生物が食べられて競争に負けてしまったりしたことが挙《あ》げられます。

小笠原諸島に生息する日本の固有種であるオガサワラシジミも、外来生物のグリーンアノールによって食べられたり、幼虫の餌となる植物が、外来植物が繁茂《はんも》したために大きく育たなくなったことが考えられています。生息地の減少や環境の変化により、他の昆虫たちもおそらく知らず知らずのうちに個体数や種数が減少していることが考えられます。

◇送粉者《そうふんしゃ》になる昆虫も減っている――ハナバチも？

植物の受粉に大きく関係している送粉者はどうでしょうか？　実は、ハナバチの種数や個体数が減少しているのかについての長期的な情報は、海外にも日本にもありません。

それでも、各地の博物館や愛好家の採集した標本、観察記録などを集めて、いつ、どこでどんな種がどれぐらいいたのかという情報を集めることができます。そしてその情報を解析《かいせき》することで、ハナバチも減少していることが明らかになりはじめました。

イギリスとオランダでは、1980年を境にしてハナバチの種数や個体数が減少し、ハナバチによる花粉媒介《かふんばいかい》を必要とする野生植物も減少していることが明らかになりました。イギリスでは、マルハナバチはミツバチ同様によく知られた存在でもあることから、愛好家による記録が残っています。それによると生息している23種のマルハナバチのうち、13種については生息できる場所が大幅に減少しているというのです。

またアメリカのイリノイ州では、地球規模の変化によって、2010年までの120年の間に野生ハナバチの50%が絶滅したといわれ、アメリカ南東部の森林では2007年から2020年までの13年間に、チョウは個体数が、ハナバチは種数と個体数が大きく減少したことが報告されています。

どんな原因があったのかは、実はこれだけではわかりません。どの昆虫についても、情報を並べてみて初めて、個体数や種数が減ってきていたことに気が付いたのです。私たち自身の生活にも関係してきますが、環境汚染《かんきょうおせん》や、気候変動、生息できる場所の分断や破壊、違った場所から持ち込んだ他の生き物が、少しずつ重なって、その場所で暮らしていた昆虫たちの生きる場所を狭めて、さらにはいなくなるようにしてしまったのです。

こういった状況を踏まえて、世界各国で野生環境に生息する送粉者についての調査が進み、目立たない存在のハナバチや他の昆虫が農作物生産や野生植物の維持《いじ》に関わっていることが再評価され始めています。

◇神隠し？　姿を消したセイヨウミツバチ

農作物の生産に対するハナバチの貢献《こうけん》は、何もしなくても当たり前にあるように思われていました。しかし、その重要性と失われたときの影響の大きさが、目にみえるかたちになったときがありました。２００６年秋から２００７年春ごろに北アメリカで、養蜂家《ようほうか》が所有していたセイヨウミツバチの巣箱の中から、突如として大量のワーカーがいなくなってしまうという現象が起こったのです。

ミツバチの巣箱では、通常は数千から数万個体のワーカーがいます。しかしある時、養蜂家が自分たちの所有している巣箱を開けてみると、中にはわずかなワーカーが女王バチととどもにいるだけの状態になっていたのです。これは、蜂群崩壊症候群《ほうぐんほうかいしょうこうぐん》(Colony Collapse Disorder)とよばれています。

もし巣内で何かの病気などが蔓延《まんえん》したなら、巣箱の近くに、死亡した個体がたくさんいるはずですが、そのようなこともありませんでした。同じ場所で置かれた多くの巣箱で、そして別々の地域で同じような現象が起こったのです。この被害は北アメリカだけにとどまらず、ヨーロッパ各国でも確認されました。

ミツバチがいなくなる現象は、世界中で大きなニュースとして駆け巡りました。これまでにいろいろな原因が考えられ、そして多くの研究者が解明しようとしてきました。原因として挙げられたものは、農薬散布や遺伝子組み換え作物の影響、ミツバチにつくダニの増加、異常気象、さらには携帯電話の電波による攪乱《かくらん》まで多岐《たき》にわたりました。また、巣箱をトラックに載せて長距離を移動することによる、ストレスも原因ではないかとされました。

しかし、現在でも何が大きな原因だったのかはわかっていません。研究者の中には、どれか一つだけではなく、いくつもの要因が重なって、失踪現象《しっそうげんしょう》が起こったのだとする見方もあります。

日本では、カメムシ防除《ぼうじょ》のために水田で使用された農薬を体に浴びたミツバチが死亡するといった被害は出ていますが、海外と同様の現象は確認されていません。

よく、ミツバチが減っているのではないですか、と聞かれることもあります。日本では、養蜂家の高齢化なども問題となっていますが、農林水産省によると、２０１８年以降は養蜂家の数はわずかながらも毎年増え続けています。また、２０２４年時点では全国で約23万群の巣箱が維持されています（ミツバチの巣箱は、１群、２群、……と数えます）。ハチミツの生産量も、ほぼ横ばいですが、大きな蜜源となる農作物の栽培場所は、全国的にも年々縮小していることが、今後心配されています。

◇考えられる原因はなんだろう――生活場所

世界や日本でハナバチなど送粉者を含めた昆虫が減っていることを紹介しました。ではどういう原因が考えられるのか、もう少し詳しくみていきましょう。

第一に、生息できる場所の消失や分断です。生息場所というのは、餌をとったり、巣をつくったり、交尾《こうび》相手を探したりと、さまざまな活動ができる場所のことです。私たち人間も、生活していくうえで適度な大きさの空間がなくては生きていけません。

多くの昆虫の減少には、この後に述べる他の原因も関係していると考えられます。しかし、昆虫だけでなく他の生物でも、最も大きな影響をもつのは、生息地が失われることだと言っていいでしょう。これらの生息地は、住宅地や都市の開発であったり、小さな農地を一か所にまとめて大きな農地にする集約化などによって、消失したり、さらに細かく分断化されたりしています。そうなると、その場所で生活を続けていくことが難しくなってしまうのです。

古い言い方で、人ひとりが住める場所としては「起きて半畳《はんじょう》、寝て一畳《いちじょう》」という表現があります。必要以上に欲しがることはいけませんが、実際にはこんな狭い場所では快適に暮らすことはできません。独身であれば狭い場所でもがまんできるかもしれません。でも、結婚して家族をもち、子供が生まれたりすると、生活するためにもっと広い空間が欲しいと思うようになります。

昆虫を含めた動物たちも同じです。仔《こ》を残して、子孫を増やすためには、大きな面積の生息地が必要になります。例えばアフリカの国立自然公園には小型の草食動物(リス・ウサギ)、大型の草食動物（シマウマ・キリン）、大型の肉食動物（ライオン・ハイエナ）がそれぞれ生息していいます。国立公園でそれぞれ常に１０００個体ずつ生息できるようにするためには、どれだけの面積を確保しなければいけないでしょうか。

リスやウサギは約５００ヘクタール、シマウマやキリンは５万ヘクタール、ライオンやハイエナでは１００万ヘクタール以上の生息地が必要となります。高校野球の聖地、阪神甲子園球場の総面積が３・８ヘクタールですので、リスやウサギを１０００個体維持するだけでも、甲子園球場約１３０個分に相当する広さを確保しなければいけません。

昆虫たちも同じです。どれぐらいの広さの生息地を確保しなければいけないかは、昆虫の種類によって違ってきます。しかし、その情報はほとんどないといっていいでしょう。

イギリスに生息する、あるタテハチョウは、草地に生息する絶滅危惧種《きぐしゅ》です。このタテハチョウの個体群を、１００年後まで維持するために最低限必要な生息地の面積は、１００ヘクタールと推定されています。大事な点は、生息地は一つだけではなく、複数は用意しなければいけません。小さな昆虫の生息場所を維持するためといっても、かなり大変なことなのです。

◇ハナバチが必要としている生活場所

ハナバチに目を向けてみましょう。第2章で紹介したように、ハナバチごとに巣の場所や巣の材料は違っています。地面の下に巣をつくる地中営巣性《えいそうせい》のハナバチでは、巣をつくる地面の条件にこだわるものも多くいます。人家の近くにある裸地《らち》や草原、寺社仏閣の庭先の地面、ゆるやかな傾斜《けいしゃ》のある地面、地肌がむき出しの切り立った崖のような場所……といったぐらいに好みが違います。

さらに、何年もわたって同じ場所を営巣地《えいそうち》として利用することがあります。私が確認したものでは、ウツギヒメハナバチというハナバチの営巣場所があります。2003年に奈良で営巣を確認して以来、この本を執筆している2024年まで毎年同じ場所が多くの個体によって使われています。

なぜその場所にこだわるのかはわかりませんが、ハナバチにとって巣をつくるのにとても適した条件(日当たり・土の質・餌場所からの距離・天敵の少なさなど)がそろっているのだと考えられます。

ところが、これまで生息地としていた場所の土が掘り出されてしまったり、コンクリートやアスファルトなどで固められたりしてしまうと、どうにもなりません。地上への通路がとざされているため、成虫が羽化《うか》してくることができず、そのまま死んでしまいます。このような状況が何年も続くと、やがて、その場所からは誰もいなくなってしまいます。

自然の中にある材料を加工して巣をつくるハナバチも同じです。ハナバチの営巣場所は、地面の下だけではありません。利用する巣材も多岐にわたっています。例えば、ススキやヨシ、クサイチゴといった植物の枯れた茎《くき》の中や、狭い空洞、カタツムリの殻、ネズミの古巣といった場所を営巣場所に利用します。さらに、育房《いくぼう》をつくるときの間仕切りは、松脂《まつやに》、草の綿毛、泥などと、ハナバチごとに違っています。

ミツバチのように、自分たちの体から蜜《みつ》ろうを分泌《ぶんぴつ》して巣をつくりあげる、造巣性《ぞうそうせい》のハナバチも営巣場所にはこだわりがあります。天敵であるスズメバチからの攻撃を防ぐために、木のうろなど狭い場所を利用しますし、お墓の内側や私たちの家の屋根裏といった閉鎖的な空間を好みます。それでも、周辺の環境がわずかでも変わってしまうと、すぐにその場所を放棄《ほうき》してしまうこともあります。

ハチが生活しやすそうな場所というと、大きな木がある森のような場所や、花がたくさん咲くような草地があればいいと思うかもしれません。けれどもこうして、いくつかのハナバチを取り上げてみても、何が必要なのか、どんな環境がいいのかはそれぞれのハナバチによって違っています。

私たち人間は、一人一人それぞれ好きなものや住みたい場所が違っています。みんな同じというわけにはいきません。そう考えると、生活環境を維持するのはなかなか難しいということがよくわかります。

◇考えられる原因——餌となる資源

ミツバチは、さまざまな花から花粉と花蜜《かみつ》を集めて、自分の巣に持ち帰り、仔や仲間に分け与えます。利用する植物の種類は多岐にわたっています。日本ではセイヨウミツバチやニホンミツバチは、およそ680種の植物に訪花《ほうか》しているといわれています。世界的にはもっと幅広く、4000種類にもおよぶ花蜜・花粉資源となる植物を利用していると考えられます。こういった特徴のハナバチを「広食性《こうしょくせい》」といいます。

マルハナバチもさまざまな植物を訪れているように見えますが、対象となる花はもう少し限られています。花の筒にあたる部分が長いものや、花弁が大きい花などを好んで利用します。

単独性ハナバチの中には、仔のために利用する花粉を、特定の植物だけから持ち帰るものもいます。こういったハナバチは「狭食性《きょうしょくせい》」や「狭訪花性《きょうほうかせい》」とよばれています。

わたしたちの身の回りで見かける花々の中には、ハナバチの種にとって利用しやすい形状のものや、あまり好まれないものもあります。そのため、街中や家の庭に花を植えても、必ずしもハナバチの餌資源となるわけではありません。ホームセンターや花屋などで販売されている園芸品種の多くは、品種改良がなされており、私たち人間にとってはとても良い見た目をしていますが、そこに訪れる昆虫にとっては花蜜も花粉もとることができないものだったりします。

訪れることのできる花のタイプが多い広食性のハナバチは、都市環境の中でもなんとか生活できますが、そうでないハナバチは仔のために必要な餌を集めることができずに、個体数を減らしてしまったりします。

◇考えられる原因——病気や外来生物

次に考えられるのは、それぞれの昆虫の生存を脅《おびや》かす寄生者《きせいしゃ》や天敵、微生物です。例えば、セイヨウミツバチには、アメリカ腐蛆病《ふそびょう》やチョーク病にノゼマ病といったさまざまな病原菌がいることが知られています。他にはアカリンダニというダニがセイヨウミツバチに寄生しています。これは胸部の気管に入り込んで繁殖《はんしょく》し、気管を詰まらせて呼吸困難にさせます。このダニは2010年に日本でも発見され、ニホンミツバチにも寄生して分布《ぶんぷ》拡大をしていることが明らかになっています。

他にはメリトビアという天敵となる寄生バチがいます。寄生バチとは、宿主《しゅくしゅ》となる相手の体に卵を産み付けたり、宿主がつくっている巣の中に忍びこんで、自分の卵を産み付けたりするハチの仲間です。メリトビアは、ハキリバチの仲間などへの寄生が知られています。メリトビアのメスは宿主となるハナバチの蛹《さなぎ》に卵を産み付けます。孵化《ふか》した幼虫はその蛹を摂食して成長します。商品として工場で増殖《ぞうしょく》されているマルハナバチでは、このメリトビアが入り込むと厄介《やっかい》です。一度増殖すると、何世代にもわたって寄生を繰り返して増え続け、やがて個体群を壊滅《かいめつ》させることもあります。

他の地域や国から持ち込まれたハナバチも問題になります。セイヨウオオマルハナバチは農作物での送粉利用のために海外で増殖されたものが、世界各地で導入されています。施設内で利用するだけであれば問題はなかったのですが、そのうち新たに羽化した女王バチが野外に逃げ出し、増殖して分布を広げるという事態が起こりました。野生化してしまった事例は日本やタスマニア、イスラエルで報告されています。

こういった外来ハナバチが与える影響としては、①餌資源をめぐる争い、②営巣場所をめぐる争い、③一緒に持ち込んだ病原菌や寄生者の伝播《でんぱ》、④在来植物の結実率《けつじつりつ》を下げる、⑤同じような地域から来た外来植物の増殖を促進する、といったことが考えられています。

◇考えられる原因――地球温暖化

皆さんが最もよく出会うハナバチというとミツバチでしょうか。こちらは早春から冬間近まで通年で活動している姿を見かけます。一般的に社会性ハナバチであれば、同じようにある程度長い期間にわたって活動しています。マルハナバチではトラマルハナバチ、コハナバチではアカガネコハナバチといった社会性をもつハナバチは春先から夏の終わりにかけてみることができます。

ただ、多くのハナバチはそうではありません。1年のうちで成虫の姿をみられる時期が決まっています。例えば、マイマイツツハナバチは4〜5月、ウツギヒメハナバチは5〜6月、ミツクリヒゲナガハナバチは8〜9月、アシブトムカシハナバチは10月、といった状況になります。もちろん地域によっても出現する時期は少しずつ変わりますが、どのハナバチも活動期間が短いところがポイントです。

そして、これらのハナバチがちょうど出現する時期に開花する植物もいます。ハナバチにとっては、羽化したタイミングで出会える植物からは、花粉や花蜜を得ることができます。植物にとっても、開花と同じタイミングで出現して花にやってきてくれるハナバチは、花粉を運んでくれるありがたい存在となります。このように出会う時期が合致する(マッチングする)ことは、お互いにとって利益があります。

ところが最近になって、生物同士のマッチングがうまくいかない状況(ミス・マッチング)があることがわかってきました。北海道では徐々に春の雪解けが早まっており、エゾエンゴサクの開花日と送粉者《そうふんしゃ》であるエゾオオマルハナバチの出現日が一致しなくなっています。そのため、ハナバチが花を訪れることができず受粉に影響が出ているのです。このような事例はフェノロジカル・ミスマッチとよばれています。それ以外にも互いに生息する地域がずれてしまったり、花とハナバチの形態の違い（花筒の長さや口吻の長さ）などのミス・マッチングが生じていることがわかってきています。

気温の上昇や季節外れの暑さや寒さといった、これまでにない環境の変化は、私たち人間も体調不良や病気を引き起こす原因ともなります。もちろんハナバチの生活や次世代の生存にも大きな影響を与えています。急激な温度変化によって、幼虫が死亡したり、成虫が越冬できなかったりすることも生じてくるでしょう。

このような事例はまだ少ないですが、地球温暖化とともに、さまざまな地域や生物同士で生じてくるのではないかと危惧《きぐ》されています。

◆考えられる原因――農薬

もう一つ、ハナバチ減少の原因としてよく取り上げられるものに、化学農薬があります。

特にネオニコチノイド系農薬はハナバチに対する影響を考える議論の対象となってきました。

ネオニコチノイド系農薬とは、昆虫の神経伝達を阻害《そがい》することで殺虫活性《さっちゅうかっせい》を発現する殺虫剤のことです。水に溶けやすく、植物の根から吸収されて植物の体全体に浸透《しんとう》する特徴をもっています。この農薬は効果が長く続くことから、従来の殺虫剤よりも少ない回数の散布《さんぷ》で被害を防ぐことができます。さらに防除《ぼうじょ》できる昆虫の種類が広いこともあって、1990年代ごろから農業現場で広く使用され始めました。

ネオニコチノイド系農薬が使用される以前から、農地で散布される有機リン剤やピレスロイド系の農薬がミツバチに与える影響は、報告されていました。しかし、ネオニコチノイド系農薬がミツバチの蜂群崩壊症候群の原因の一つとして挙げられたことから、その影響評価が急速に進められました。

2012年にネオニコチノイド系農薬であるイミダクロプリドがマルハナバチのコロニーの成長と女王の生存に大きな影響を与えるという結果が出されました。これを皮切りに、ネオニコチノイド系農薬によるハナバチへの影響が検証され、多くの研究で生存や活動に悪影響を生じるという結果が得られました。

ＥＵ（欧州連合）では、すべての農作物に対して、一部のネオニコチノイド系殺虫剤は屋外で使用禁止になっています。ただしオーストラリアなどは、ハナバチへの影響についても考慮しつつ、他の農薬以上のリスクはないことや、作物生産での有用性を踏まえて、適正な使用方法に則って利用することで、制限を課してはいません。

日本ではどうでしょう。農林水産省はミツバチに対する農薬の影響を評価する基準を設けています。農薬を開発・利用している企業は農薬の登録申請の際に、その農薬はミツバチが送粉もしくは訪花をする作物を対象としているか、ミツバチに対する農薬の毒性影響評価の実験結果はあるかといった内容の書類を提出して、審査をパスしなければいけません。

環境省では、ミツバチ以外の野生ハナバチに対して、同じように農薬影響の判断基準が公表されています。ちなみに、セイヨウミツバチは家畜の扱いになるので、担当が農林水産省になり、自然環境に生息している他のハナバチは環境省の担当となります。ハナバチの仲間を扱っている点では同じなのですが、いろんな手続きなどではちょっと面倒かもしれません。

このように厳格な基準があるため、ハナバチに影響があると判断された農薬は、使用する際にさまざまな条件が課されます。例えば、散布する際には、開花する前後の時期を避けたり、巣箱や周辺環境に飛散しないように注意したりするといった細かな条件が、市販されている農薬の袋やボトルにしっかりと明記されています。

実際にハナバチたちが農薬にさらされている可能性があるかどうか、農薬の濃度や時期、範囲を調べるのはなかなか大変ですが、少しずつ研究が進められています。日本においても、2024年に、ニホンミツバチの巣の中に残留している農薬の濃度を調べたところ、水田や果樹園といった農地や、人が生活する都市域では農薬にさらされるリスクが高く、森林ではそのリスクが低い傾向にあることが明らかになっています。

こういった研究結果をみると、ハナバチに対して農薬が何らかの悪影響を与えることは確かなようです。ただし、その影響だけを判断して「農薬は悪である」と決めつけてしまい、すべて使用禁止としてしまうのは早計です。

化学農薬は、農作物の生産や収量を減らしたりしてしまうような他の昆虫やダニといった生物の個体数を抑えるために開発されたものです。農作物を生産する時には、その葉や実、根などを食害する昆虫たちの数を減らさなくてはいけません。そのため、化学農薬を全く使用しないとなると、農作物の収量は大幅に減少してしまいますし、収穫できても品質などが劣ることがあります（たいていの場合、形が変形していても、味に問題はありません）。そして、収穫できる量が少なくても、需要《じゅよう》がある作物であれば高い値段がつけられて売りに出されます。

普段、多くの人はスーパーに並んだ野菜や果物をみて、安くて、形が良く、葉や表面がきれいなものを選んでいるのではないでしょうか。それがもし、ある日を境にして値段は高いし、見栄えも悪いものばかりになったら、どうするでしょうか。

農薬などに頼らない農業は理想的ですが、その達成はとても難しいものです。適切に農薬を利用しつつ、それ以外の方法で害虫を減らしていくことを考えていかなくてはいけません。

害虫を捕獲するためのトラップを設置したり、天敵昆虫を導入したりするなど、いくつかの防除方法を組み合わせる方法も行われています。

さらに、農地周辺に生息する生き物たちの多様性を維持することで、生態系サービスの機能を高め、農業にも自然環境の維持にも有益な管理方法も提案されています。

◇昆虫が減りはじめたら、ヒトが困りはじめた

昆虫がいなくなると、私たちの暮らしはどうなっていくのでしょうか。たまに、ゴキブリ

やシロアリといった昆虫たちがいないほうが嬉しい、という声を耳にします。他にもカメムシやアリはみるのもいやという人もいます。

家の中で見かけたり、衣類についたりする彼らは不快な存在になることが多いでしょう。彼らは、個体数が多いことも不快に思われてしまう原因の一つです。先ほども述べたように、農業の現場でも、農作物を食い荒らしたり、傷つけたりする昆虫たちは厄介《やっかい》です。生産現場としてはほとんどいなくなってくれるほうがありがたいはずです。

けれども、それぞれの昆虫は人間にとっては困った存在でも、自然生態系の中では、生物同士のつながりの中で重要な役割を果たしています。ゴキブリも、家で見かけるチャバネゴキブリなどわずかな種を除けば、大半は草地や森林に生息しています。彼らは雑食性であるため、落ち葉や樹木以外にも動物の死骸《しがい》などを分解してくれます。また、シロアリも住宅に入り込むと深刻な被害を及ぼしますが、倒木などを食べて分解し、土へと還元《かんげん》してくれる有益な存在です。彼らがいなくなってしまえば、木々や死骸の分解速度はあっという間に遅くなり、還元される養分の供給が遅れ、草地や森林での植物の成長もゆるやかになってしまうでしょう。

ハナバチをはじめとする送粉者の役割は、もっと人間生活に直結していることが多いので、わかりやすいかもしれません。花粉を運搬《うんぱん》してくれるハナバチたちがいなければ、私たちは手で一つずつ花を授粉させていかなければいけません。それは途方もない時間と労力をかけることになります。

それでも２００６〜２００７年に、ミツバチの蜂群崩壊症候群が起こるまでは、送粉者の重要性は明確に評価されていませんでした。

この時、北アメリカでは全養蜂家の所有していたミツバチの巣箱のうち、４分の１にあたる数が失われたといわれています。養蜂家の巣箱が失われるということは、単にハチミツを私たちが食べられなくなるだけにとどまりません。これまでも紹介したように、ミツバチは農作物の花粉媒介に利用されています。そのため、農家も大きな被害を被ったのです。

アメリカで生産されているナッツ類は、他の国へと輸出される代表的な農作物の一つで、輸出による利益は莫大です。特にアーモンドは、アメリカが全世界の生産量のおよそ半分を占めるほどです。

アメリカ西部のカリフォルニアでは、アーモンドの生産が盛んに行われています。アメリカの農務省によると、ここでは、約５４００平方キロメートルもの広さの農地に植えられたアーモンドの木から、約１１７万トンの実が生産されています。これは約35億ドル（５３０0億円）もの売り上げとなるため、アーモンドの生産だけで巨大な利益を得ることができるのです。アメリカを始め、いくつかの国々ではアーモンドの生産に力を入れています。これはアーモンドが、スナックやさまざまな食品の原料として使われるだけでなく、美容によく、健康的で栄養価の高い食品（スーパーフード）として近年注目されていることも関係しています。このためアメリカでは、アーモンドを栽培する農地の面積は年々増えつづけています。

このアーモンドの花は、受粉しなければ実をつけることができません。そのため、開花時期になるとアメリカ中から数多くのミツバチの巣箱がカリフォルニアに移動してきて、送粉が行われます。

蜂群崩壊症候群によってミツバチが利用できなかった時には、このアーモンドの生産量が激減しました。同様にミツバチに花粉媒介を頼っていたそのほかの農作物も生産することができず大幅に収量が減りました。これによって、アメリカの農家ではその年に得られるはずの収入が大幅に減少してしまいました。

このＣＣＤによる被害は、アメリカ国内だけにとどまりませんでした。ミツバチに頼っていた農作物は、輸出されなかったわけですから、毎年輸入していた国の人々も手に入れることができなくなってしまったのです。そして、別の国や地域から入手しようとすると、仕入れるための金額が高くなり、商品の値段が上がることにもなります。結果的に、海外への輸出までもが大きな影響を受けることになったわけです。

日本のように、特に海外からさまざまな農作物を輸入している国にとっては、このような事態がまた起こってしまうと、経済にも大きな影響が出てしまいます。１００円で気軽に購入できていたものが、ある日突然１０００円などになることだって、将来的にはあり得るのです。

アメリカではＣＣＤの発生を重く見て、これ以降ハナバチの実態調査や原因究明を進める方針を打ち出しました。２０１４年にオバマ大統領は、ミツバチなど花粉媒介者の健康に関する特別委員会を編成し、「ミツバチなど花粉媒介者の健全性促進のための国家戦略構築」と題した大統領覚書を発表しています。これは、大統領が発令する命令の一つで、重要性がとても高いものです。

同様に、イギリスにおいても、2014年に環境食糧農村地域省(日本の農林水産省と環境省を併せたような名前です)によって「国家的な花粉媒介者のための戦略アクションプラン」が提出されて、現在も活動を継続しています。日本の政府や議会では、話題に上ることはあっても、首相が自らこの問題を取り上げて、積極的に法整備などはしていません。

ミツバチだけを取り上げてみても、これだけ私たち人間の生活に影響があることがわかると思います。近年日本でも2024年の春先に、青森県でリンゴの送粉に利用するマメコバチが羽化してこないという事態がありました。このため、慌てて人工授粉に切り替えて処理をした農家もいたようです。

マメコバチの場合は、その年に羽化する個体が少なければ、次世代となる仔の数も減ってしまいます。もしそのまま毎年個体数の減少が続いてしまうと、農家は、リンゴ生産の規模を縮小したり、ミツバチを新たに購入したりするなど、経営に大きな影響が出ることが危惧されます。

◇お互いにつながっている関係が大事

他の昆虫たちも、昆虫同士または他の生物との間でさまざまな関係をもっています。種間関係として取り上げられるものには、①捕食《ほしょく》―被食《ひしょく》、②競争、③寄生、④共生といったものがあります。

昆虫たちは餌となる生物を探して捕食し、自らの繁殖につなげます。場合によっては別の生物に食べられることで、その生物の生存や繁殖に貢献《こうけん》することもあります。また、お互いに個体数を増やそうとして餌や生息場所をめぐって競争します。時には寄生することで自分だけ有利な状況をつくりあげ、相手の数を減らすこともあります。さらにはお互いに生存・繁殖していくうえで、なくてはならない存在になっていることもあります。

ハナバチと植物の関係は共生の関係の中でも、相利共生《そうりきょうせい》といわれています。第1章で紹介したように、相手をうまく利用しようと駆《か》け引《ひ》きしあう関係ではありますが、どちらも利益を得ることができているのです。

こういった関係が、生物たちの複雑なつながりをつくっています。生物のつながりを1つ1つ線でつないでいくと、とても複雑になります。これは食物網とよばれ、網の目のような関係がみえてきます。この関係が維持されることで、生態系は安定し、多くの生物たちが生存する環境ができあがっていくのです。反対に、つながりが途切れ始めると、生態系のバランスはあっという間に崩れていきます。

ハナバチたちもこの食物網の中に位置しています。ハナバチの幼虫は、植物の花蜜や花粉を食べます。この幼虫や成虫を餌として狙う捕食者もいます。幼虫に対しては寄生性の昆虫などもいますし、成虫に対しては、鳥やクモ、他の昆虫も格好の餌として狙ってきます。さらに、社会性をもつハナバチの場合だと、その巣にため込まれたハチミツを目当てにクマなどが襲ってきます。これらの関係を線で結んでいくと、複雑な関係を描くことができます（図4―1）。

こうして、生物同士のつながりをみても、ハナバチたちは人間のために役立っているだけでなく、他の生物の生存にも大きく関わっている存在なのです。

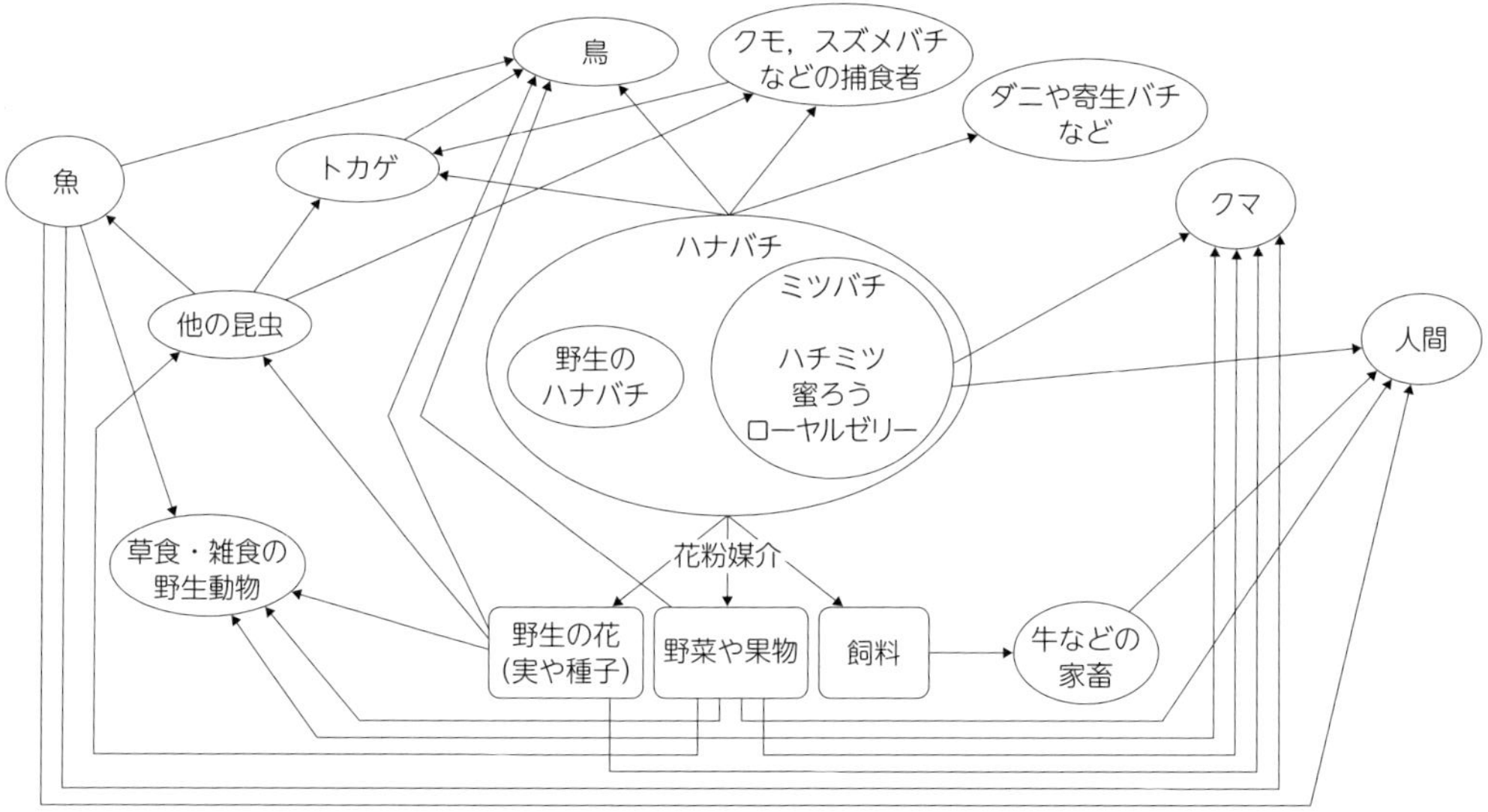

図 4-1　ハナバチを取りまく生物の関係

コラム

養蜂家《ようほうか》のくらし

ミツバチを飼育して、その利益で生計を立てている職業を養蜂家といいます。日本だけでなく、全世界に養蜂家はいます。

海外を始め、日本で飼育されているのはセイヨウミツバチが多いですが、ニホンミツバチを飼育する人もいます。また南米では、アフリカナイズド・ミツバチ(別名キラー・ビー)を利用する養蜂家もいます。こちらは、セイヨウミツバチとその亜種であるアフリカミツバチを交雑《こうざつ》したものです。

養蜂家がミツバチを飼育する目的は大きく分けて二つあります。一つはハチミツや蜜ろう、ローヤルゼリーといったミツバチがつくりだす生産物を取ることです。もう一つは、本章でも紹介したように、農作物の花粉交配《かふんこうはい》に使用することです。どちらか一方だけを仕事にする人もいれば、両方やっているという人もいます。

養蜂家は、ハチミツを取るために、巣箱は、自分の養蜂場や採蜜《さいみつ》ができそうな蜜源植物《みつげんしょくぶつ》がある場所に設置します。養蜂家の中には、季節に合わせて多く花が咲いている場所に巣箱を移動させる移動養蜂という形式をとる人もいます。大きなトラックの荷台に巣箱を積み、日本各地を移動するのです。夏場に移動する先は、本州以南よりも気温が低くて、蜜源となる植物が多く咲いている地域や場所です。

例えば愛知県に養蜂場をもつ、ある養蜂家の場合は、春から初夏までは地元にとどまり、夏の暑い時期には涼しい北海道に拠点《きょてん》を移して、ミツバチとともに生活します。巣箱は採蜜がよくできる場所を選んで設置します。巣箱の状態を見ながら蜜を取り、ワーカーの数を増やして、巣箱を増やします。そして、冬の寒さが来る前に巣箱と一緒に愛知県に戻るのです。このようなサイクルで一年を過ごしています。

養蜂に関する情報を手に入れられる団体は、日本にはいくつかあります。全国の養蜂家が組織する団体として、日本養蜂協会があります。ここでは県別に養蜂協会が組織されており、それぞれの情報交換の場となっています。例えば愛知県養蜂協会では、主に、生産や販売指導、原材料・器具機械の購入指導、生産に関する調査研究などが行われています。

まずは入門からという方は、若手・中堅どころの養蜂家をサポートしてくれる養蜂産業振興会に参加するのもよいでしょう。こちらは、養蜂家と養蜂に詳しい研究者が中心となって結成された団体です。そのため、養蜂に関する相談などがあれば、経験豊富な養蜂家や研究者がアドバイザーとして接してくれます。また、みつばち協会では、ミツバチと人との持続可能な社会を目指す取り組みを実践しています。

第5章

ハナバチたちと支え合う

ハマゴウの花を訪れるツヤハナバチの仲間
(西表島)

◇ヒトが管理して、昆虫を維持《いじ》する

昆虫は、畑や田んぼでは、数が多すぎるために害虫となることもあります。カメムシやウンカ、バッタなどは、日本だけでなく海外でも大発生していることがありますし、アリやゴキブリなどは街でも森でもどこでも見かけるように感じます。

こういった印象をもっていると、昆虫はすぐ簡単に増えるのでは？　と思ってしまうかもしれません。けれども、一度減ってしまった生物の数を元にもどすのは、並大抵のことではありません。

遺伝子実験などでモデル生物として利用されるショウジョウバエは、個体数を増やすことは比較的簡単にできます。細長い容器の中に、成虫がつかまるための足場と幼虫が食べる餌《えさ》の培地《ばいち》を用意します。ショウジョウバエの場合には、卵から成虫になるまで10日ほどです。そのため、１年の間にどんどん次の世代を産み、増やすことができます。実験室だけでなく自宅でも簡単にできます。

ハナバチではどうでしょうか。セイヨウミツバチのように人間が巣箱を管理しているようなハナバチでは、生まれてくる仔《こ》の数を調節して増やすことができますし、毎年安定した個

体数を維持することも可能です。また、花粉媒介《かふんばいかい》用に販売されている、クロマルハナバチやセイヨウオオマルハナバチは、いつの時期でも安定して出荷《しゅっか》できるように、生産工場で増殖《ぞうしょく》が行われています。

しかし自然生態系の中に生息しているハナバチではそうはいきません。先ほどのミツバチやマルハナバチも同様です。母親は、仔のための巣をつくり、十分な餌を集めます。その中で育った幼虫は、半年ほどかけて成虫になります。しかも、成虫が出現するのは年に1回程度です。

他の昆虫でも成虫になるまでにとても長い年月が必要なものがいます。身近でみられるセミの仲間も、成虫の生存できる期間は最大でも数週間と、とても短いですが、幼虫の時期は5~7年といわれて、その間は樹の根から栄養分を吸って成長します。その間に土地開発が行われて樹々が切り倒されたり、地表面をアスファルトやコンクリートで舗装されたりしてしまうと、成虫になることができません。

私たちが農作物を生産するときには、ハナバチや他の送粉者《そうふんしゃ》たちに頼って花粉媒介をしています。その力を借りるためには、ハナバチたちが活動しやすい環境や住居を、私たち人間が管理して整えてあげればよいのです。そうすることで、人間にとっては作物を多く収穫できますし、ハナバチにとっては多く仔を残すことができます。つまり、お互いに利益がある関係(相利《そうり》)を保つことができるのです。

◇具体例――福島県大内宿《おおうちじゅく》のマメコバチ

ハナバチが活動する環境や住まいを、私たち人間がどんなふうに整えているのか、具体的にみてみましょう。

まずはリンゴの果樹園を訪れてみましょう。私がよく訪れているのは、福島県会津地方のとある果樹園です。リンゴは全国どこでも栽培できるというものではありません。生産している地域は限られていて、北は青森県から西は長野県あたりの範囲で、栽培されています。4月の後半から5月の前半にかけて、春の陽気とともにリンゴの花が一気に開花します。このリンゴの花に訪れるハナバチとして、マメコバチがいます。

マメコバチはミツバチよりもやや小柄《こがら》なハナバチです。漢字では「豆粉蜂」と書きます。仔のために集めてくる花粉が、まるできな粉(豆粉)のようだということで、その名がついています。

春に羽化《うか》した成虫は交尾《こうび》をした後、メスだけが巣をつくりはじめます。巣材には、ヨシなどの筒《つつ》を使います。この内部をきれいに掃除したら、いくつもの育房《いくぼう》をつくり、花蜜《かみつ》や花粉を集めてきて、部屋の中にためていきます。十分な量が集まったら、卵を産み、その部屋を閉じていきます。筒の中で孵化《ふか》した幼虫は花粉の塊《かたまり》をたべて大きくなり、蛹《さなぎ》になります。そして翌年の春に羽化します。

東北地方のリンゴ農家では、マメコバチが巣をつくれるようにと、ヨシを適当な長さに切って束にしたものを農園に設置しています。羽化したメスは、同じ場所に設置されている別のヨシ筒を使って、巣をつくり始めるのです。

こうして、毎年同じ時期に、同じ場所でマメコバチが羽化して、リンゴの花を訪れることで、花粉が媒介され、リンゴが結実《けつじつ》するのです。このマメコバチは、リンゴ以外にもオウトウ(さくらんぼ)でも花粉を媒介するのに役立っています。

福島県の会津若松市でリンゴ農家を長年営む山口真次さんも、マメコバチを利用していま す。冬頃になると、河川沿いに生育したヨシを刈り取り、適当な長さに切りそろえて、それ

図5-1　大内宿

図5-2　名物のねぎそば

を束ねます。これを、翌年の3月ごろに、会津若松市から南に約20キロメートルほど下がった場所にある、大内宿へと運び込みます。

大内宿は、江戸時代の会津西街道の宿場《しゅくば》で、その面影がいまも残っています。伝統的な茅葺《かやぶ》き屋根の民家が道ぞいに軒《のき》を連ねている風景は、時代劇のワンシーンのようです(**図5―1**)。

1981年に、国の重要伝統的建造物群保存地区として選定されており、現在は観光名所として、季節を問わず多くの観光客がひっきりなしに訪れます。ここでは民家の中で、ねぎそばやしんごろう、とち餅といった美味しい名物を堪能《たんのう》できます(**図5―2**)。

そのうちの一軒、美濃屋さんも伝統的な茅葺き屋根の民家です。その軒下《のきした》には、山口さんをはじめとするリンゴ農家が持ち込んだ、筒の束《たば》がずらりと吊り下げられている光景を目にすることができます。

この筒は、ヨシなどを刈り取って束にしたものだけでなく、ホームセンターなどで販売されているすだれを加工してつくられたりしています。ちなみに茅《かや》は、屋根を葺《ふ》くのに使われるイネ科の植物全般を指します。主なものとしてはススキやスゲ、ヨシなどを含《ふく》みます。

毎年3月になると、山口さんは新しい筒束と、それまでかけていた筒束のいくつかを取り替えます。この古い筒束を見ると、入り口が泥で埋められた筒がいくつもあります。この中に、春になると羽化するマメコバチが眠っているのです。こうして、新たにつるされた筒は、大内宿付近に生息しているマメコバチたちの新たな巣場所として利用されます。

マメコバチが営巣《えいそう》した筒は、自分の果樹園に持ち帰って翌年のリンゴの送粉に利用するのです。この時、すべての筒を持ち帰ることはしません。大内宿の個体群がいなくなってしまわないように、一部は残しておくのです。

このような作業を山口さんたちは30年以上も繰り返し、リンゴ生産とマメコバチ個体群の維持が続けられてきました。もともと、山口さんのリンゴ園付近でも多くのマメコバチが飛び回っていました。けれども、いつしか毎年出現する個体数が減ってしまい、困っていたところに、大内宿でマメコバチが多く生息していることがわかりました。そこで、茅葺き屋根の民家の軒下にヨシの筒束を仕掛けて、営巣させるようになったのです。

　マメコバチは、他の県でも利用されています。青森県や山形県、長野県などでも、自分の果樹園に筒を設置しておき、営巣したマメコバチに花粉媒介をしてもらっています。地域や果樹園によって、筒の設置方法や管理方法も違ってきます。毎年、営巣時期が終わると、すべての筒を回収して、保管する農家もいれば、園地にそのまま置いておくという農家もいます。日本有数のリンゴの産地である青森県では、時期になると、ホームセンターにマメコバチ用の巣箱(リンゴ箱にヨシがいっぱい詰められたもの)が売られています(図5―3)。リンゴ農家はこの巣箱を購入して、自分の園地に設置しておくのです。

図 5-3　マメコバチ用の巣箱

　面白いことに、地域によってはマメコバチ以外にも、ツツハナバチという近縁種《きんえんしゅ》がほぼ同じ時期に活動しています。ツツハナバチは一見するとマメコバチと見分けがつかないですが、同じようにリンゴの花を訪れて花粉を媒介しています。このように複数のハナバチ種が、同じ農作物の花粉媒介に役に立っていることもあるのです。

◇ハナバチの保全《ほぜん》ってされているの？

私たち人間が、自然環境に生息する生物の種の多様性を維持したり、それぞれの種の個数の維持に努めたりして、絶滅などの危機から守ることを、保全といいます。現在、さまざまな地域や対象生物に対して行われていますから、耳にしたことがあるという人もいるでしょう。それでは、ハナバチについての保全活動は聞いたことがあるでしょうか。

マルハナバチの保全活動は世界的にみても、多くの場所で行われています。イギリスやアメリカでは、ミツバチ同様に親しみのあるハナバチとして、一般市民の知名度も高いです。イギリス湖水地方に生まれたビアトリクス・ポター―は、野生のさまざまな生き物を可愛らしいイラストで描いています。ピーターラビットの著者といえば、おわかりかもしれません。彼女の描いた絵本の中にも、マルハナバチが丁寧に描写されています。他にも、ヒュンメルやダンブルドアといった名前をどこかで聞いたことがあるかもしれません。これらも実はマルハナバチ(英名はバンブルビー)を意味する語です。

日本では、マルハナバチの名前はようやく浸透《しんとう》してきましたが、他の国々では昔からよく知られていました。研究者だけが保全活動をするのではなく、一般市民もいっしょになって、モニタリングをしたり、営巣に好ましい場所を維持したり、マルハナバチが訪れることのできる花が多く咲く草地をつくったりしています。

さらに海外では、ハナバチの種ごとに分布《ぶんぷ》状況がデータベース化されたり、一般向けのハンドブックなどが出版されたりしています。日本でも、各地の博物館などに収蔵《しゅうぞう》されているハナバチや送粉者の標本情報がデジタル化されて公開されています。これを使うと、いつ、どこで、どんなハナバチが採集されたのかを知ることもできるようになってきました。もちろん、他の昆虫についても、同じようにデータベースにアクセスすることで、情報を得ることができます。

世界的な自然保護の団体である、国際自然保護連合(IUCN)にも、ハナバチの保全に関するワーキンググループ(SSC Wild Bee Specialist Group)やマルハナバチを主体としたワーキンググループ(SSC Bumble Bee Specialist Group)もあります。こちらでは、世界10地域のマルハナバチの現状や保全などについて情報の交換がされています。私は後者のグループに所属して、日本地域のコーディネーターをしています。ここでは毎年、各地域の年間活動報告書を提出して、マルハナバチ(場合によっては、ミツバチや他のハナバチについても)の保全活動や研究紹介などをしています。このような取り組みの中で、それぞれの地域でどのような保全活動が行われているのかを知ることができます。こちらで発行されている報告書は、ウェブサイトで公開されており、無料で閲覧することができます。

日本では、ハナバチの保全がされている場所は多くありません。代表的なものを紹介しましょう。兵庫県朝来《あさご》市にある楽音寺の境内《けいだい》で、毎年5~6月に出現する、ウツギヒメハナバチです。全身が真っ黒い色をしたハナバチで、地面の中に土を掘り、掘り出した土を小山のように盛り上げるのが特徴です。

このウツギヒメハナバチが一斉に羽化して、白いウツギの花へと訪れる光景が地元の風物詩になっており、県指定の天然記念物となっています。こちらの営巣地《えいそうち》は大正9年(1920年)に確認されてから、現在まで100年以上にわたり、ずっと使われています。

楽音寺の境内の所せましと、ウツギヒメハナバチの巣がつくられます。地面には、ほとんど足の踏み場もないほどの巣が出来ています。その上を、黒いウツギヒメハナバチのオスとメスが行ったり来たりしています。

600平方メートルほどの境内の中に、1平方メートル当たり63個から最大149個も巣穴があったといいますから、おどろきです。地面の中へ向かって、たくさんの通路がつくられ、それぞれの母親は自分の仔のために、いくつもの育房をつくります。ウツギヒメハナバチの場合には、巣から1キロメートルほど離れた場所にあるウツギにも訪れて、花粉と花蜜を持ち帰ってきます。

この個体群を維持するためには、境内の土壌《どじょう》の状態を管理したり、寺の周辺にあるウツギの木を維持したり、追加で植樹することも考えなくてはいけません。

他にも、人気のあるハナバチがいます。青と黒の模様からブルー・ビーとよばれる、ルリモンハナバチです。このハナバチは、ヒゲナガハナバチがつくった巣に忍び込み、自分の卵を産み付ける労働寄生という習性をもつハナバチです。こちらは、メーテルリンクの書いた『青い鳥』にちなみ、幸せの青いハチとよばれており、出現時期にはテレビなどのメディアで紹介されることもあります。

注目度が高いハナバチですが、寄生する相手であるヒゲナガハナバチが営巣《えいそう》できる場所がないと、自分も繁殖《はんしょく》できません。ヒゲナガハナバチは、草むらなどに穴を掘って、巣をつくります。ですので、ルリモンハナバチを保全するためには、ヒゲナガハナバチが好む営巣地を保全する必要があります。このように、保全する場合には、対象とする種が、他にどんな生き物と関係をもっているのかをよく知らなくてはいけません。

他のハナバチでも、営巣地が公園や研究所、大学内であれば、生息場所を維持する取り組みなども行われますが、日本ではなかなか注目が集まりにくいのが現状です。

◇誰でもできるハナバチの保全

ここまで、農作物の栽培などで密接にハナバチとかかわっている農家やミツバチを飼育している養蜂家《ようほうか》の例をみてきました。ハナバチの活動しやすい環境をきちんと管理することが、ハナバチの保全にも、農業生産にも良い効果をもたらしています。

テレビなどで、希少《きしょう》な動物を保護したり、その生息場所を維持・管理したりする取り組みが報道されているのを見ると、あまりよく知らない初心者にとって、保全というのはクリアしないといけないハードルが高いように思えます。

じつは、私たちにもできることがあります。ハナバチたちを保全するための方法は、そんなに難しくありません。必要なものをそろえていけばいいのです。欧米では、ハナバチの保全をするための方法が書かれたハンドブックが、保全団体によって出版されていて、誰でも自由に閲覧《えつらん》し、活用することができます。内容も、ハナバチの基本的な生態の紹介から始まり、どのような地域に分布しているのか、巣はどこにつくるのか、好ましい餌《えさ》資源《しげん》の花はどんなものか……などなど多くの情報が写真とともに掲載されています。英語で書かれた内容であっても、イラストや写真が多く、とても見やすくなっています。日本でも、日本送粉サービス研究会によって、ハナバチを保全するためのガイドラインが書かれた、ハンドブックやパンフレットが作成されています。これらは無料でＷＥＢで公開されています。

地域や国によって、ハナバチの保全をするうえで、重要な点や注意しなければいけない点が違います。そのため、日本向けにつくられたハンドブックはとてもありがたいものです。

こういったハンドブックなどを入手して、まず情報を集めることから始めてもよいでしょう。本書でも簡単に解説していきましょう。

ハナバチのために用意するもの——営巣場所

まずは、仔を残すために必要な場所として、巣がなくてはいけません。その巣をつくることができる場所を確保してみましょう。

これまで紹介したように、ハナバチによって巣をつくる場所は異なります。特に、大半のハナバチは地中に巣をつくります。もしかすると、自宅の庭の草むらや地肌が露出した場所に、小さな穴がいくつも開いていたり、盛り上がった小山のようなものがあったりするかもしれません。たまにアリの巣と見間違うことがありますが、ハナバチが営巣している可能性が高いです。とても小さい庭だったとしても、わずかでも地肌が露出していたりすると、ハナバチが巣をつくっていることもあります。

巣づくりしやすい場所は地面だけではありません。先ほど紹介したマメコバチのように、筒を束ねて置いておくと、そこがハナバチにとって良い巣場所となることがあります。筒に営巣するハナバチは、竹やヨシなど内部が空洞になった材があれば、利用してくれます。筒の直径は、だいたいハナバチの肩幅ぐらいに合わせてあげるとよいでしょう。この筒も大きさを変えてみましょう。直径を変えた筒を数十本ほどまとめて設置すると、複数のハナバチ種が利用できます。筒の太さはあまり大きすぎると、利用できる種が限られてきます。おおよそ、内径が5ミリメートルから10ミリメートルほどがよいでしょう。筒の長さも長すぎず、15センチメートルから30センチメートルほどにしておくと、まとめたり設置したりするのも楽です。こういった人工的に用意した筒状の巣は、Bee hotel ともよばれます（**図5—4**）。

図 5-4　Bee Hotel の一例

海外ではデザインも凝っていて、家の飾りとしても使えそうなものが販売されていたり、自作したりする例もあります。また学校などに設置して、児童が観察するといった環境教育用教材としても普及しているところもあります。日本ではまだあまり普及していないですが、台湾などでは、積極的に学校などに設置されて、児童が巣ができる様子を観察していたりします。

ハナバチのために用意するもの――餌場所

営巣する場所と一緒に用意しなければいけないのは、ハナバチが訪れる花々です。どんな植物を用意すればよいでしょうか。最も理想的なのは、住んでいる地域にもともと生息している在来の植物を利用するのがよいでしょう。しかし、野外から株《かぶ》や種子を集めてくるのも大変です。

まずは庭先やベランダに鉢やプランターに入れた園芸植物や野菜などを用意してみましょう(さすがにマンションの高層階だと、なかなか送粉者も訪れにくいですが)。野菜の場合には、実ったものを自分で収穫して食べることもできますから、ハナバチにとっても自分にとっても良いことです。ただし、最近では受粉せずに実ができる品種もありますから、よく考えて苗や種を購入しましょう。

ここで注意しなければいけないのは、園芸用として販売されている植物の多くは、在来植物だけでなく外来植物もあるということです。道端にあって、一見すると大きくてきれいで目立つ花をつける植物は、景観の一部として美しくみえるものもあります。けれども、いったん定着して分布を拡大すると、在来の生態系に生息する生き物たちだけでなく、わたしたちの生活や健康に被害を及ぼすことも考えられます。本来の生息場所にいるわけではないですから、種子や苗が余っても、道路や農地、草原や森などに植えるのは避けましょう。

ハナバチや他の送粉者が頻繁《ひんぱん》に訪れるようにするには、なるべく季節ごとに違った植物が開花するように用意するといいでしょう。そうすることで、春から秋まで、違った花とそれに訪れる季節に合わせたハナバチに出会えます。

あとは、咲いた花の形状もよく見て選びましょう。園芸植物の中には、花弁《かべん》の色や大きさは良くても、花粉や花蜜が全く出ないものもあります。こういった花は人間の目を楽しませてくれますが、ハナバチにとっては訪れる価値が全くない花となってしまうのです。

巣の用意ができ、春先から花が咲きだすと、あちらこちらからハナバチがやってくるでしょう。ミツバチよりももっと小さかったり、黒い体つきだったり、あるいはあなたの庭で葉っぱをかじりとったり、泥をとったりするものもいるかもしれません。

春に咲く樹木だと、桜でしょうか。家に小さいものでも植えてみると、セイヨウミツバチやニホンミツバチが訪れます。庭木としてよく使われているエゴノキも、白く小さな花をたくさんつけますからマルハナバチやクマバチも訪れるでしょう。シロツメクサやアカツメクサをはじめとするマメ科の植物は、多くのハナバチが訪れます。ポットなどで植えるのであれば、バジルなどのハーブをはじめとするシソ科の植物、ラベンダーやサルビアも、庭の彩《いろど》りとともにハナバチにとってうれしい存在です。

在来のハナバチにとってうれしいのは、在来植物の花です。もし、自宅の庭に自然と生えてきたものがあれば、ぜひそっと育ててください。一見すると目立たないような種類もあるかもしれません。せっかくですから、植物図鑑を片手に、一つずつ花の名前を調べてみてもよいでしょう。今まで気が付かなかった季節の花に出会えるかもしれません。

もちろん、ハナバチ以外の昆虫も送粉者として訪れるかもしれません。あなたの庭で多くの昆虫たちをいつも見かけることができたなら、それはとても喜ばしい光景ができあがってきた証なのです。

どこまで植物を増やしていいのか、どんな植物なら植えていいのか、には決まりはありません。それぞれの家がもつ庭の中で、花を植えて楽しみ、ハナバチにとってもうれしい環境になってくれることが大切です。

家の庭の広さは、周りにある田畑や山、草原よりもはるかに小さいものです(大きな敷地の方がいればそれはそれでうらやましいですね)。庭に植えられている植物が、在来の生態系にもつ影響はそこまで大きくはありません。

肝心なのは、育てている花々を、きちんと管理してあげることです。在来の植物でないならば、自宅の外にも広がってあちこち咲いているようでしたら、それは取り除いてあげましょう。あくまでも自分の庭だけにとどめてあげることで、周りの自然生態系にも、他の人にも迷惑をかけずにすみます。

◇ハチをもっと身近に知ってもらおう!(ミツバチサミットの開催)

日本では、ミツバチやハナバチについて知る機会はこれまであまりありませんでした。どうしても知りたい場合には、本を読むか、研究者が集まる学会や研究会に参加するしかなかったのです。それでも、参加してもハナバチを研究している研究者の数は少なく、あまり実りのあるものとはいえない状況がありました。

図5-5 Bee Summit(2023年)

そんな中、私と農研機構の前田太郎さん、アリスタライフサイエンス株式会社の光畑雅宏さんを中心として、「ミツバチサミット」を2017年に開催しました(**図5―5**)。これは、「ミツバチやマルハナバチ、そのほかの多くの送粉者に関して、誰もが情報を知ることができ、意見交換ができる場」として企画したものです。2024年までに3回実施して、いずれも多くの方に来場してもらえました。

日本語ではミツバチサミットとしていますが、英語表記はBee Summit(ハナバチサミット)としました。第1回目の開催当時は、まだハナバチという表現が一般に浸透《しんとう》しているわけではないため、ミツバチをメインに据《す》えたタイトルにしたのです。今ではミツバチやマルハナバチ以外のハナバチについても関心をもった方が多くなりました。

参加していただいた方々の業界も多岐《たき》にわたっています。大学の教員や大学生、研究機関に所属する研究者はもとより、養蜂サークルや部活動をしている中高生や大学生、マルハナバチなど農業用の生物資材を取り扱う企業、養蜂家、ハチミツをはじめとした生産物を販売する企業、農薬を扱うメーカー、さらには農林水産省や環境省といった行政機関まで参加していただけました。

このミツバチサミットでは、専門的な知識が得られるシンポジウムだけではなく、一般向けのイベントとして、ハチミツなどミツバチ関連の商品を購入できるマルシェやブックカフェ、ワークショップ、フォトコンテスト、セミナーなどを取りそろえました。これまで日本では、誰もが参加できるハナバチ関連のイベントはほとんどありませんでした。その点でとても画期的なイベントだと思っています。

現在も実行委員会のメンバーを増やしつつ、規模を拡大して、次の開催に向けて準備を進めています。

◇養蜂はじめました――高校生たちの取り組み

養蜂家を目指すかどうかは別として、身近な環境に生息している昆虫としてミツバチを扱い、飼育してみようというクラブ活動が全国的にも増えてきました。中学校や高校、大学で

「養蜂部」「養蜂サークル」「ミツバチプロジェクト」といった名前がみられます。

　学校ごとにセイヨウミツバチやニホンミツバチを飼育して、養蜂をしています。活動内容としては、自分たちが飼育しているミツバチの巣箱からハチミツを採って商品として販売したり、キャンディや蜜《みつ》ろうキャンドル、せっけんをつくったりしています。

　クラブの規模もさまざまです。数人で始めているクラブもあれば、十数人が所属しているものまであります。そして、クラブのメンバーには、これまで一度もハナバチを触ったことも、巣箱を見たこともないという生徒や学生も多くいます。

　先述した、ミツバチサミットの中では、学生養蜂サミットを開催しました。これは、全国各地から養蜂に取り組んでいるクラブに参加してもらい、自分たちの活動内容を発表してもらうというものです。

　この学生養蜂サミットには、北海道から九州まで幅広い地域の学校の生徒さんたちが参加してくれています。毎回、十数校の参加があり、単にハチミツを採るだけではなく、持ち寄って味の品評会をしたりもします。また、養蜂の面白さをもっと知ってもらおうと、地域の企業や地元の養蜂家とも交流しながら、自分たちの活動の輪を広げている姿が、多く印象に残りました。

学校ごとに取り組んでいる内容が違っているため、サミットでの出会いは、お互いに良い刺激となっていたようです。同世代同士での交流だけでなく、ミツバチサミットで講演していただいた外国人研究者とも英語で話して積極的に交流している姿は、とても頼もしく感じました。今後もこういった機会があちこちで増えることを願っています。

◇ビルの屋上でミツバチを飼う

ミツバチを飼育するのは、何も郊外である必要もありません。企業の中には、自社のビルの屋上に巣箱を設置して、養蜂にいそしむところもみられます。

東京の渋谷駅と原宿駅のちょうど中間に位置する場所に、大正時代から１００年にわたって洋菓子をてがける老舗の洋菓子メーカー、コロンバンのビルがあります。屋上に行ってみましょう。

配管などの合間を抜けると、セイヨウミツバチの巣箱が並べられたスペースがあります（**図５―６**）。ここには、会社で養蜂を担当している社員が、定期的に巣箱の様子をチェックしにやってきています。巣箱からは、何個体ものワーカーがせわしなく出かけています。

コロンバンのビルの周りには、高層ビルが立ち並んでおり、ここも都会の一角であることを感じます。付近にはおしゃれなカフェやレストランもありますが、ミツバチにとっては、どこにいい餌場所があるのでしょうか。

図 5-6　コロンバンのビル屋上

地図をみると、近くには明治神宮があり、代々木公園があります。こういった樹々の花や、公園の下草などを訪れては花蜜や花粉を採ってきているのでしょう。担当している社員の方に話を聞くと、季節ごとに違った味のハチミツができあがり、それを楽しんでもらっているとのことでした。おそらく、季節ごとに違った花々が巣箱から訪れることのできる範囲で咲いているのでしょう。

近くに森や公園があり、さらにそこにミツバチたちにとって魅力的な花々があれば、ミツバチたちもせっせと活動し、ハチミツを集めることもできるのです。

近年、ビルの屋上を利用した養蜂は、広がりを見せています。都市の中で、ハチミツがとれることにびっくりする人もいるでしょう。ミツバチやハナバチについて関心が高まることは、とてもうれしいことです。ただし、ハチミツがたくさんとれることと、周辺にさまざまな花が咲いているかどうかは別で考えなくてはいけません。1種類の大きな樹木があるだけでも、ミツバチは花蜜を集めてくることはできます。でも本当は百花蜜とよばれるような、多岐にわたる植物の花蜜を集めてハチミツができあがる環境が、巣箱の周りにあってほしいのです。

◇これからの人と昆虫とのつながりかた

ここまで見てきたように、ハナバチたちは、生態系のなかで、多くの植物にとって花粉媒介をしてくれる重要な存在です。

私たち人間とハナバチは、長い歴史のなかでお互いに密接な関係を築いてきました。私たちにとってハナバチとは、ただハチミツをとるだけでなく、私たちが毎日食べている農作物の生産に、花粉を媒介してくれる送粉者として多大な貢献《こうけん》をしてくれている存在です。

そして、その貢献をしてくれているのは、ミツバチだけではありません。さまざまなハナバチが季節ごとに、地域ごとに、陰《かげ》ながら支えてくれているのです。

また、ハナバチと植物がお互いに利用し合っているように、私たち人間もまたハナバチの食料となる花々の咲く環境を整えたり、巣となる場所を用意することで、ハナバチの恩恵《おんけい》を受けてきたといえます。

ですが、これまで当たり前だと思っていた状況が一変しはじめています。現在のわたしたちの周りでは、気候変動による大雨や洪水、台風、土砂崩れなど、災害も多く発生しています。また、季節外れの暑さや寒さといった気温の急激な変化も、1年を通じて頻繁にみられるようになってきました。

こういった地球規模の変化は、私たち人間の生活を脅《おびや》かしています。農作物の生産量が減ってしまったり、体調不良になる人が増えたり、住んでいた場所がなくなってしまったりします。農作物の生産量が減れば、商品の価格も上昇し、手軽に買えなくなってしまいます。食卓にのぼる料理のメニューも減り、なんだか味気ない食事になってしまうかもしれません。

◇ハナバチたちがいなくなったら？

ハナバチにとっても同じことが起こっています。人間活動によって、住む場所を失い、餌としていた花々もなくなり、急激な気温の変化に成虫も活動が鈍り、卵や幼虫の成長もうまくいかなくなります。

私たちは、ハナバチを含めた昆虫たちの存在をもう一度確認し、お互いの生活が成り立つようにしなければなりません。

日本人は世界的にみても、昆虫好きな人が多い国です。四季折々に昆虫たちの出す音色や光、姿を見て、季節の移り変わりを感じます。古い時代から書物や和歌、俳句にも登場し、その姿をアレンジしたデザインも幅広い場面で多く使われています。身近な昆虫たちがいなくなってしまうと、私たちがつくりあげてきた文化でも、なくなってしまうものがあるのです。

送粉者がいなくなった生態系では、わくわくするような面白い形や美しい色をした花々が姿を消し、食卓ではコメや麦、送粉者いらずの農作物以外は、見ることがなくなってしまうかもしれません。花粉媒介を必要とせずに、実が大きく美味しい果物や野菜をつくることもできつつありますが、世界的にみれば品種や生産数も限られています。

すぐに私たちのまわりでは起きないかもしれませんが、トマトやイチゴ、リンゴ、メロンやスイカ、かぼちゃなど、ハナバチのおかげで栽培されている野菜や果物がなくなってしまうとしたらどうでしょうか。そしてコーヒーもあまり飲めなくなるかもしれません。

さらに、ハナバチではなく、ヌカカをはじめとする小さなハエたちが花粉を運んでいるカカオはどうでしょうか。ミツバチよりもはるかに小さなハエがいなくなってしまうだけで、私たちはチョコレートも味わえなくなるかもしれないのです。

いなくなってしまうなら、ロボットやAI（人工知能）を使って代用する試みもあります。近年の技術革新は目覚ましく、ミツバチがみせる花粉媒介の行動を、AIやロボティクス技術によって完全に自動化することも成功しています。また、小さなドローンを飛ばして、花粉を媒介させるという試みもあります。いずれも、農作物の生産性をあげたり、省力化に役立ったりする可能性はあります。ただし、これだけで、すべての農作物をカバーできるわけではありませんし、生態系の中での生き物同士のつながりを維持することはできません。

生きもの同士が織りなす関係は、私たちが思っているよりも複雑で、まだまだわからないことだらけなのです。ハナバチたちは、思いもよらない相手や、場所で役立っているかもしれません。だからこそ、その多様性を保全していくことは重要なのです。

さらに、ハナバチたちは、私たち人間が暮らしているのと同じ環境で生活しています。つまり、ハナバチたちがいなくなる状況というのは、私たちにとっても、暮らしにくい状況だといっていいでしょう。

その貢献の大きさや重要性がわかっても、ハナバチも、昆虫も好きにはなれないという人もいると思います。その姿や動きが怖かったり気持ちが悪いと感じたりすることもあるでしょう。大切なことは、彼らも厳しい環境を生きぬき、自分たちの子孫を残そうと必死に頑張っていることをわかってあげることなのです。

私たち人間が生態系サービスを利用して生活していることを自覚することから始まって、他の生き物に目をやり、保全を意識すること、そのために正しい知識を得ること……こういったことを、みんなで考えて少しずつ進めていけば、私たちにも、まだできることはたくさん残されています。

あなたも一緒に、ハナバチたちと暮らしていける世界をつくっていきませんか。

おわりに

この本を最後まで読んでくださってありがとうございます。いかがでしたでしょうか。身近にいる「ハチ」の中のハナバチについて紹介《しょうかい》しました。よく知られているミツバチやマルハナバチだけでなく、私たちの身の回りには、まだまだいろんなハナバチがたくさんいます。

この本の中では、かれらの魅力《みりょく》や生態系《せいたいけい》での役割、そして私たち人間との関係について紹介してきました。私たちの食卓《しょくたく》や周りに咲《さ》く花々を豊かにしてくれるハナバチたちの存在は、これまでも、そしてこれからもなくてはいけないものです。

いま地球上では、あらゆる場所や地域で毎年のように、季節外れの猛暑《もうしょ》や大雪、豪雨《ごうう》、台風などが当たり前のように起こってきています。これは、昆虫《こんちゅう》をはじめとする生物だけでなく、私たち人間にとっても生活していく上で、大変きびしい状況《じょうきょう》だといえます。

世界のどこかで新種が発見される一方で、絶滅《ぜつめつ》の危機に瀕《ひん》する生物種数は年々増加しています。私たちの身近にいたハナバチたちも、ちょっとした環境の変化によって、出会えなくなるものもいます。本のタイトルである「もしもハチがいなくなったら?」とは、決して絵空事ではなく、現実味をもった状況といえるでしょう。

でも、まだあきらめるには早いです。ハナバチをはじめとする昆虫たちについてもっと知り、そして支えあっていければよいのです。私は、この本がそのきっかけとなってもらえればという思いを込めて書きました。

この本を読んだ後には、外に出て花々を探してみてください。そして毎日の食卓にどんな作物が使われているのか思い返してみてください。「あっ、これがあるのは、ハナバチたちがいてくれるおかげだな」という、小さな気づきがあることでしょう。小さな気づきの積み重ねが、生物多様性の保全《ほぜん》や生態系サービスの維持《いじ》という大きなものへとつながっていくことになります。

最後にこの本を出版するにあたって、岩波書店の塩田春香さん、須藤建さんには大変お世話になりました。根気よく支えていただいたおかげで、私の頭の中だけにあった、ハナバチの本が、現実のものとなりました。また、美しいイラストを描《えが》いてくださったAYAさんを始め、執筆《しっぴつ》に際してご協力いただいた皆様に改めて感謝いたします。

2025年2月

横井智之

横井智之
近畿大学農学部卒業．京都大学大学院農学研究科応用生物科学専攻博士課程修了．博士(農学)．岡山大学農学部特任助教，同大研究員を経て，筑波大学生命環境系助教．主に動物生態学，保全生態学，行動生態学を専門として，ハナバチ類をはじめ昆虫の行動や生活史を研究している．市民・研究者・行政などが参画する「ミツバチサミット」実行委員長を務める．

もしもハチがいなくなったら？　岩波ジュニア新書 997

2025年3月25日　第1刷発行

著　者　横井智之《よこいともゆき》

発行者　坂本政謙

発行所　株式会社 岩波書店
〒101-8002 東京都千代田区一ツ橋 2-5-5
案内 03-5210-4000　営業部 03-5210-4111
ジュニア新書編集部 03-5210-4065
https://www.iwanami.co.jp/

印刷・三陽社　カバー・精興社　製本・中永製本

ISBN 978-4-00-500997-8　　Printed in Japan

岩波ジュニア新書の発足に際して

きみたち若い世代は人生の出発点に立っています。きみたちの未来は大きな可能性に満ち、陽春の日のようにひかり輝いています。勉学に体力づくりに、明るくはつらつとした日々を送っていることでしょう。

しかしながら、現代の社会は、また、さまざまな矛盾をはらんでいます。営々として築かれた人類の歴史のなかで、幾千億の先達《せんだつ》たちの英知と努力によって、未知が究明され、人類の進歩がもたらされ、大きく文化として蓄積されてきました。にもかかわらず現代は、核戦争による人類絶滅の危機、貧富の差をはじめとするさまざまな人間的不平等、社会と科学の発展が一方においてもたらした環境の破壊、エネルギーや食糧問題の不安等々、来るべき二十一世紀を前にして、解決を迫られているたくさんの大きな課題がひしめいています。現実の世界はきわめて厳しく、人類の平和と発展のためには、きみたちの新しい英知と真摯《しんし》な努力が切実に必要とされています。

きみたちの前途には、こうした人類の明日の運命が託されています。ですから、たとえば現在の学校で生じているささいな「学力」の差、あるいは家庭環境などによる条件の違いにとらわれて、自分の将来を見限ったりはしないでほしいと思います。個々人の能力とか才能は、いつどこで開花するか計り知れないものがありますし、努力と鍛練の積み重ねの上にこそ切り開かれるものですから、簡単に可能性を放棄したり、容易に「現実」と妥協したりすることのないようにと願っています。

わたしたちは、これから人生を歩むきみたちが、生きることのほんとうの意味を問い、大きく明日をひらくことを心から期待して、ここに新たに岩波ジュニア新書を創刊します。現実に立ち向かうために必要とする知性、豊かな感性と想像力を、きみたちが自らのなかに育てるのに役立ててもらえるよう、すぐれた執筆者による適切な話題を、豊富な写真や挿絵とともに書き下ろしで提供します。若い世代の良き話し相手として、このシリーズを注目してください。わたしたちもまた、きみたちの明日に刮目《かつもく》しています。（一九七九年六月）

973 ボクの故郷は戦場になった
―樺太の戦争、そしてウクライナへ
重延 浩
1945年8月、ソ連軍が侵攻を開始し、のどかで美しい島は戦場と化した。少年が見た戦争とはどのようなものだったのか。

974 源氏物語入門
高木和子
日本の古典の代表か、色好みの男の恋愛遍歴か。『源氏物語』って、一体何が面白いの？　千年生きる物語の魅力へようこそ。

975 「よく見る人」と「よく聴く人」
―共生のためのコミュニケーション手法
広瀬浩二郎
相良啓子
目が見えない研究者と耳が聞こえない研究者が、互いの違いを越えてわかり合うためコミュニケーションの可能性を考える。

976 平安のステキな！女性作家たち
川村裕子
早川圭子絵
紫式部、清少納言、和泉式部、道綱母、孝標女。作品の執筆背景や作家同士の関係も解説。ハートを感じる！王朝文学入門書。

977 国連で働く
―世界を支える仕事
植木安弘編著
平和構築や開発支援の活動に長く携わってきた10名が、自らの経験をたどりながら国連の仕事について語ります。

978 農はいのちをつなぐ
宇根 豊
生きものの「いのち」と私たちの「いのち」はつながっている。それを支える「農」とは何かを、いのちが集う田んぼで考える。

979 10代のうちに考えておきたいジェンダーの話　堀内かおる

10代が直面するジェンダーの問題を、未来に向けて具体例から考察。自分ゴトとして考えた先に、多様性を認め合う社会がある。

980 食べものから学ぶ現代社会 ―私たちを動かす資本主義のカラクリ　平賀　緑

食べものから、現代社会のグローバル化、巨大企業、金融化、技術革新を読み解く。『食べものから学ぶ世界史』第2弾。

981 原発事故、ひとりひとりの記憶 ―3・11から今に続くこと　吉田千亜

3・11以来、福島と東京を往復し、人々の声に耳を傾け、寄り添ってきた著者が、今に続く日々を生きる18人の道のりを伝える。

982 縄文時代を解き明かす ―考古学の新たな挑戦　阿部芳郎 編著

人類学、動物学、植物学など異なる分野と力を合わせ、考古学は進化している。第一線の研究者たちが縄文時代の扉を開く！

983 翻訳に挑戦！ 名作の英語にふれる　河島弘美

he や she を全部は訳さない？ この人物は「僕」か「おれ」か？ 8つの名作文学で翻訳の最初の一歩を体験してみよう！

984 SDGsから考える世界の食料問題　小沼廣幸

アジアなどで長年、食料問題と向き合い、今も邁進する著者が、飢餓人口ゼロに向け、SDGsの視点から課題と解決策を提言。

985 迷いのない人生なんて
―名もなき人の歩んだ道
共同通信社編
共同通信の連載「迷い道」を書籍化。家族との葛藤、仕事の失敗、病気の苦悩…。市井の人々の様々な回り道の人生を描く。

986 ムクウェゲ医師、平和への闘い
―「女性にとって世界最悪の場所」と私たち
立山芽以子
華井和代
八木亜紀子
アフリカ・コンゴの悲劇が私たちのスマホに繋がっている？ ノーベル平和賞受賞医師の闘いと紛争鉱物問題を知り、考えよう。

987 フレーフレー！就活高校生
―高卒で働くことを考える
中島　隆
就職を希望する高校生たちが自分にあった職場を選んで働けるよう、いまの時代に高卒で働くことを様々な観点から考える。

988 野生生物は「やさしさ」だけで守れるか？
―命と向きあう現場から
朝日新聞取材チーム
多様な生物がいる豊かな自然環境を保つために、時にはつらい選択をすることも。悩みながら命と向きあう現場を取材する。

989 〈弱いロボット〉から考える
―人・社会・生きること
岡田美智男
弱さを補いあい、相手の強さを引き出す〈弱いロボット〉は、なぜ必要とされるのか。生きることや社会の在り方と共に考えます。

990 ゼロからの著作権
―学校・社会・SNSの情報ルール
宮武久佳
情報社会において誰もが知っておくべき著作権。基本的な考え方に加え、学校と社会でのルールの違いを丁寧に解説します。

991 データリテラシー入門
―日本の課題を読み解くスキル
友原章典
地球環境や少子高齢化、女性の社会進出など社会の様々な課題を考えるためのデータ分析のスキルをわかりやすく解説します。

992 スポーツを支える仕事
元永知宏
スポーツ通訳、スポーツドクター、選手代理人、チーム広報など、様々な分野でスポーツを支えている仕事を紹介します。

993 おとぎ話はなぜ残酷でハッピーエンドなのか
ウェルズ恵子
異世界の恋人、「話すな」の掟、開けてはいけない部屋――現代に生き続けるおとぎ話は、私たちに何を語るのでしょう。

994 歴史的に考えること
―過去と対話し、未来をつくる
宇田川幸大
なぜ歴史的に考える力が必要なのか。近現代日本の歩みをたどって今との連関を検証し、よりよい未来をつくる意義を提起する。

995 ガチャコン電車血風録
―地方ローカル鉄道再生の物語
土井　勉
地域の人々の「生活の足」を守るにはどうすればよいのか？　近江鉄道の事例をもとに地方ローカル鉄道の未来を考える。

996 自分ゴトとして考える難民問題
―SDGs時代の向き合い方
日下部尚徳
「なぜ、自分の国に住めないの？」彼らが国を出た理由、キャンプでの生活等を丁寧に解説。自分ゴトにする方法が見えてくる。